靳松 韩银和 著

Analysis and Optimization on Large-Scale CMOS Integrated Circuits in The Presence of Parameter Variability:

from Circuit-Level to System Level

纳米数字集成电路的偏差效应分析与优化

从电路级到系统级

清华大学出版社
北京

内 容 简 介

晶体管特征尺寸随着制造工艺的进步而不断缩小。这种趋势虽然提高了芯片的性能，却恶化了集成电路的参数偏差效应，对电路在其服役期内的可靠性造成了严重的威胁和挑战。本书主要涉及在纳米工艺下较为严重的晶体管老化效应-负偏置温度不稳定性和制造过程中引起的参数偏差。介绍了参数偏差效应产生的物理机制及对电路服役期可靠性的影响，并提出了从电路级到系统级的相应的分析、预测和优化方法。

本书可作为大规模集成电路设计或可靠性设计工程师的参考资料，也可作为电子专业研究生的参考书。

图书在版编目(CIP)数据

纳米数字集成电路的偏差效应分析与优化：从电路级到系统级/靳松，韩银和著. —北京：清华大学出版社，2019
ISBN 978-7-302-52299-7

Ⅰ. ①纳… Ⅱ. ①靳… ②韩… Ⅲ. ①纳米材料－数字集成电路－研究 Ⅳ. ①TN431.2

中国版本图书馆 CIP 数据核字(2019)第 029209 号

责任编辑：鲁永芳
封面设计：常雪影
责任校对：刘玉霞
责任印制：刘海龙

出版发行：清华大学出版社
网　　址：http://www.tup.com.cn，http://www.wqbook.com
地　　址：北京清华大学学研大厦 A 座　**邮　　编**：100084
社 总 机：010-62770175　**邮　　购**：010-62786544
投稿与读者服务：010-62776969，c-service@tup.tsinghua.edu.cn
质量反馈：010-62772015，zhiliang@tup.tsinghua.edu.cn
印 装 者：三河市金元印装有限公司
经　　销：全国新华书店
开　　本：170mm×240mm　**印　　张**：11.75　**字　　数**：185 千字
版　　次：2019 年 6 月第 1 版　**印　　次**：2019 年 6 月第 1 次印刷
定　　价：69.00 元

产品编号：077730-01

目　录

第1章 绪　　论

过去几十年，集成电路产业获得了飞速发展。晶体管集成密度随着制造技术的进步而不断增加，并且遵循摩尔定律(Moore's law)，即单个硅片(die)上集成的晶体管数目每18个月增加一倍[1]。相应地，晶体管的特征尺寸(feature size)不断减小并向着纳米尺度推进。这种工艺进步的趋势大大增加了芯片的集成规模，降低了制造成本，提高了芯片的性能。

然而，芯片性能的提高并非毫无代价。随着晶体管特征尺寸进入到纳米尺度，伴随而来的是不断增大的参数偏差(parameter variability)，不断增加的漏电流和功耗。这些负面因素给采用先进工艺的集成电路产品带来不可低估的影响，甚至会在较差的操作条件下抵消芯片由于集成规模增加带来的性能提升。因此，直面这些负面因素的挑战，在芯片的设计、制造、测试和使用等各个环节提出相应的分析和优化方法，以提高芯片的制造和参数良品率(yield)，保证其现场使用中的可靠性是目前工业界和学术界研究的热点问题。

参数偏差是指制造后晶体管或互连线的物理和电气参数偏离设计时指定的额定值并呈现统计分布的现象。按照偏差特性，大致可以将参数偏差分为静态(static)偏差和动态(dynamic)偏差两类。静态参数偏差主要源自于集成电路制造过程中引入的工艺偏差(process variation)；而造成动态参数偏差的原因则主要包括芯片在现场使用中的电路老化(circuit aging)效应，以及电压和温度的波动。在纳米工艺环境下，参数偏差效应无疑是一个需要重点关注和亟待解决的问题[2]。这不仅因为参数偏差会降低芯片制造后的良品率，减少产品利润；同时，它还会影响芯片的漏电和功耗，改变电路在实际操作中的定时特性(timing characteristic)，甚至导致芯片出现功能失效。

还有一个不可忽视的问题是静态、动态参数偏差效应的交互作用对于集成电路的影响。表面看来，工艺偏差只是一种造成电路参数出现偏差的静态因素，在芯片制造后就已固定而不会在其后的服役期中发生变化，因此不会影响芯片的服役期可靠性。但实际上，晶体管或互连线由于工艺偏差而导致的特征参数偏差同样会影响芯片在服役期中的老化。在一些特征参数，例如晶体管的沟道长度、阈值电压、栅氧厚度以及互连线的物理尺寸出现静态偏差的情况下，老化效应导致的动态电路参数变化会呈现统计分布，使得相应的电路老化分析、预测和优化工作更为困难。另一方面，由于老化效应会不断改变电路的参数值，从而造成电路的时序分析结果同样出现随时间变化的现象。这会大大降低传统设计阶段所进行的静态或统计静态时序分析的有效性，因此，考虑电路老化与工艺偏差的联合效应对于电路可靠性的影响也是一个重要的研究课题。

1.1 工艺偏差

工艺偏差是导致制造后芯片上的晶体管或互连线的物理和电气参数出现静态偏差的主要原因。工艺偏差是在集成电路的制造过程中引入的。如图 1.1 所示，按照作用范围的不同，工艺偏差导致的静态参数偏差可以分为片间(inter-die/die-to-die)偏差和片内(intra-die/within-die)偏差两种。片间偏差对于同一个晶圆(wafer)上所有芯片的参数变化影响相同；而片内偏差则会造成每个芯片内部器件参数出现不同的变化。在早期的工艺技术阶段，片间偏差是造成器件参数出现偏差的主要因素。而随着制造工艺的不断进步，尤其进入到纳米尺度，片内偏差逐渐成为影响器件参数偏差的主要因素。

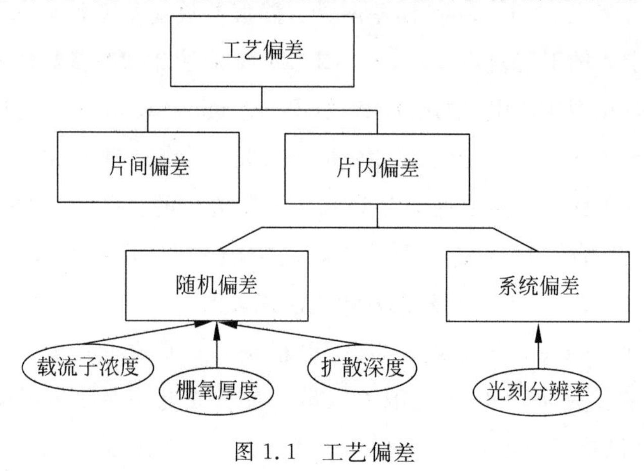

图 1.1　工艺偏差

片内参数偏差按其特性又可以划分为系统(systematic)偏差和随机(random)偏差两类[3]。系统偏差主要是光刻的次波长效应(lithography sub-wavelength)导致的[4]。图1.2对比了近些年来光刻用波长和晶体管最小特征尺寸的变化趋势。可以看出,当制造工艺进入180 nm之后,光刻所用紫外光的波长已经大于晶体管的特征尺寸了。目前,由于制造技术的限制,绝大多数的集成电路制造商仍然采用193 nm的紫外光来刻蚀65 nm甚至是45 nm的晶体管。在这种情况下,想要精确地控制刻蚀的晶体管尺寸(特别是沟道长度)非常困难,出现参数偏差也就是必然的结果了。

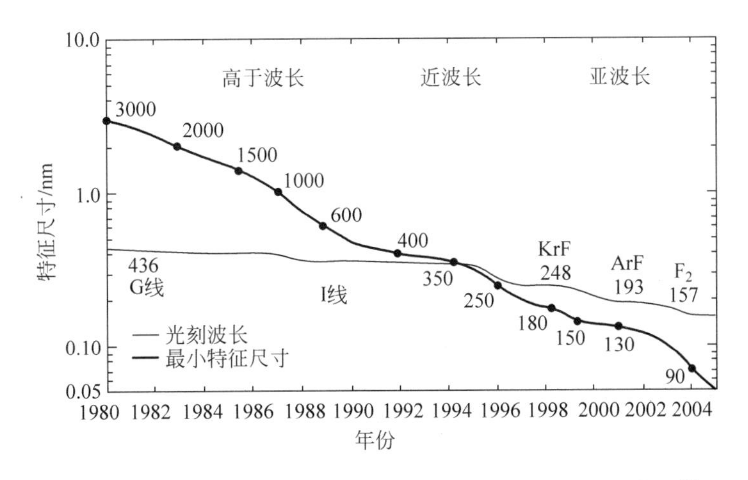

图1.2 光刻用波长同晶体管最小特征尺寸之间的不匹配情况[4]

不同于系统偏差,随机参数偏差主要是因为制造过程中一些随机性因素,例如载流子掺杂浓度的随机变化(random dopant fluctuation, RDF)[5]造成的。图1.3给出了一个50 nm晶体管载流子的掺杂情况示意图。从图中可以看,源、漏两个扩区的掺杂浓度很高且非常均匀。而沟道内的载流子浓度则呈现明显的随机性分布。由于载流子的掺杂浓度直接影响晶体管的阈值电压,这种掺杂浓度的随机性变化很容易导致制造后晶体管的阈值电压偏离其设计时指定的额定值。

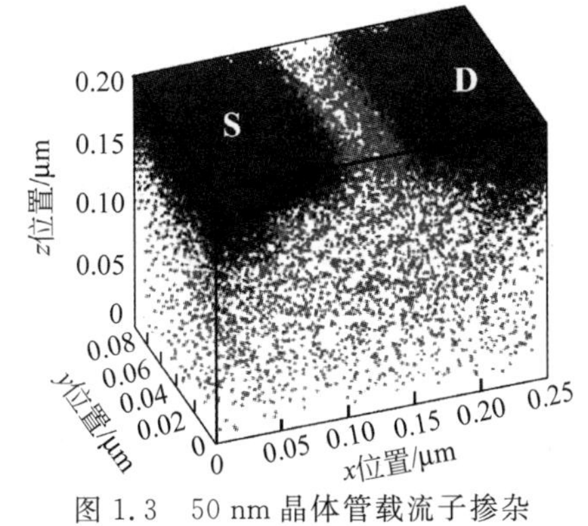

图1.3 50 nm晶体管载流子掺杂浓度的随机分布情况[5]

另外一个必须要关注的问题是，在片内系统偏差的影响下参数偏差分布具有空间相关性(spatial correlation)。如图 1.4 所示，同一个芯片上物理位置相邻近的器件的参数偏差分布往往较为接近甚至相同；而物理位置相距较远的器件的参数偏差分布差异较大甚至无关。空间相关性会影响电路中通路的时延分布，因此必须在电路时序分析中将其考虑在内。文献[6]的数据显示，在分别假定片内参数偏差分布完全相关和完全独立两种情况下，电路时延分布的标准方差相差 25%。

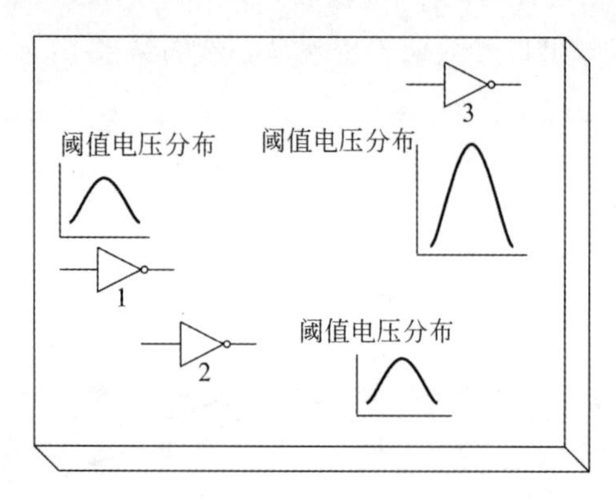

图 1.4 参数偏差分布的空间相关性

工艺偏差所导致的静态参数偏差会影响电路的性能参数，使电路的时延或漏电偏离设计时所指定的额定值。英特尔(Intel)对一批制造后量产芯片的工作频率和漏电进行了统计。图 1.5 给出了统计结果。如图所示，工艺偏差导致制造后芯片的漏电出现 20 倍的偏差，工作频率出现 30%的偏差。这大大降低了芯片的良品率。因为在如此大的偏差情况下，一部分芯片因为性能参数不能满足产品投入市场的要求而必须被丢弃，从而增加了产品的生产成本，减少了利润。

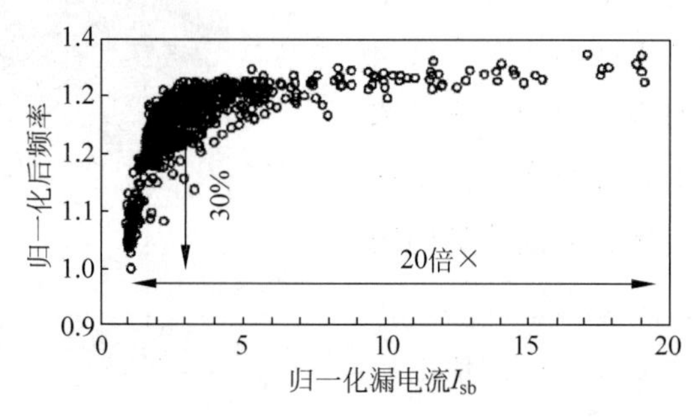

图 1.5 工艺偏差导致的芯片漏电和工作频率偏差[2]

1.2 NBTI 效应

随着晶体管特征尺寸的不断减小，电路老化效应造成的动态参数偏差对集成电路可靠性的影响日益突出。根据所产生的物理机制的不同，电路老化效应主要包括负偏置温度不稳定性（negative bias temperature instability, NBTI）[7,8]、热载流子注入（hot carrier injection, HCI）[9,10]、时间相关的电介质击穿（time-dependent dielectric breakdown, TDDB）[11]和电磁迁移（electromigration，EM）[12]等。虽然这些老化效应产生的原因和作用的对象不尽相同，但它们的负面影响均表现为电路的参数（主要是电路时延）随着使用时间的推移不断增加，从而不断降低芯片的性能和操作频率，最终可能因为偏差的累积导致芯片出现功能失效。

在这些动态参数偏差源中，NBTI 效应已经逐渐成为影响芯片服役期可靠性的首要因素。图 1.6 给出了关键电压随晶体管氧化层厚度变化的情况。从图中可以看出，在晶体管特征尺寸较大的工艺阶段（如 250 nm），供电电压高于关键电压，HCI 是限制芯片服役期可靠性的首要因素。随着工艺的进步，晶体管特征尺寸不断减小。当工艺达到 180 nm 时，供电电压已经小于关键电压。这时，NBTI 成为限制芯片服役期可靠性的首要因素。

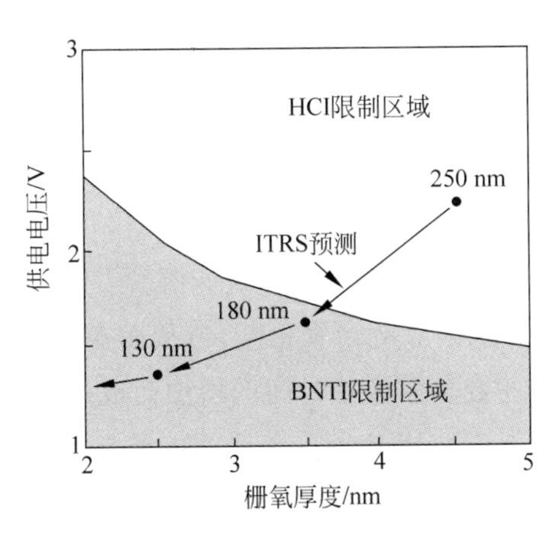

图 1.6　首要的芯片服役期可靠性限制因素随晶体管栅氧厚度的减小而改变[7]

NBTI 是一种作用于 P 沟道场效应管（PMOS）晶体管的老化效应。随着电路操作时间的推移，在 NBTI 效应的作用下 PMOS 晶体管的阈值电压会逐渐升高，驱动电流逐渐减小。这种老化效应对于组合电路(combinational circuit)性能参数的影响表现为逻辑门的信号传播时延(propagation delay)随电路操作时间的增加而不断变慢，从而造成电路中信号传播通路的时延变大。延伸到时序电路(sequential circuit)上则可能因为偏差的不断累积而导致电路出现定时违规(timing violation)现象。实验数据表明[13,14]，在较差的操作环境下，电路中的门经受10年NBTI效应，其内部PMOS晶体管的阈值电压可以有50 mV的上升，表现为电路时延增加20%。对于存储设备而言(如静态随机存储器(SRAM))，NBTI效应导致的PMOS晶体管老化会不断降低存储器件的静态噪声容限(static noise margin, SNM)，增大读、写失效的概率。文献[15]中的数据显示，在平均工作温度125℃的情况下，3年NBTI效应会导致SRAM(6T结构)器件的静态噪声容限下降超过10%，大大增加了存储器件出现功能失效的概率。

实际上，早在20世纪70年代人们就已经发现了NBTI效应对于PMOS晶体管的老化影响。然而直到近些年，随着制造工艺进入到纳米尺度，NBTI效应导致的老化才成为影响电路在其服役期内可靠性的一个不可忽视的因素。这是因为随着晶体管特征尺寸的不断缩小，栅氧厚度不断减小，而供电电压的下降却相对比较缓慢。在这种情况下，非常薄的氧化层和较高的供电电压在晶体管的沟道内形成了很强的电场，进一步加剧了NBTI效应导致的老化。

图1.7展示了NBTI效应产生的物理机制。在集成电路制造过程中栅氧的形成和钝化(passivation)阶段，绝大多数的硅原子会同氧原子结合。但是，也有少量的硅原子会同氢原子相结合，形成稳定性较弱的硅-氢链。如图1.7(a)所示，当PMOS晶体管处于负偏置时(即输入信号为低电平)，$V_{gs}=-V_{dd}$。在电场力的作用下，较弱的硅-氢链会发生断裂，从而在沟道中形成许多正离子(界面陷阱)。正离子的数量随偏置时间的增加而成指数关系增长，且受电路工作温度的影响较大。不断增多的正离子会逐渐升高PMOS晶体管的阈值电压，减小其驱动电流，并增加门的信号传播时延。

当PMOS晶体管正向偏置时(即输入信号为高电平)，$V_{gs}=0$ 或 V_{dd}，沟道中由于硅-氢链断裂而游离出来的氢原子在反向电场力的作用下重新与硅原子结合，使得先前断裂的硅-氢链得到部分的修复。由于沟道中的正离子数目

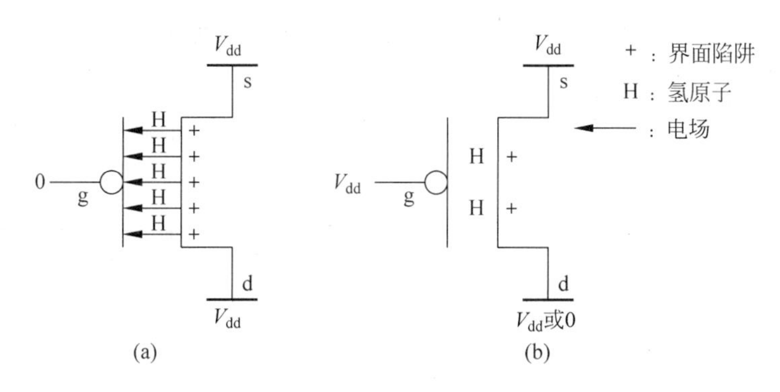

图 1.7　NBTI 效应产生的物理机制[16]

(a) 偏置；(b) 恢复

减少了，PMOS 晶体管的阈值电压也随之下降，NBTI 效应导致的老化可以得到部分恢复。

如果在整个电路的操作时间里，门的输入信号始终保持为低电平，即门内与此输入端相连接的 PMOS 晶体管始终处于负偏置，我们称在这种情况下 PMOS 晶体管经历的是静态 NBTI 效应。而如果门的输入信号在整个电路操作时间内交替为低电平和高电平，即 PMOS 晶体管时而处于负偏置时而处于恢复阶段，我们称在这种情况下 PMOS 晶体管经历的是动态 NBTI 效应。图 1.8(a)给出了 PMOS 晶体管在经受静态 NBTI 效应时的阈值电压变化情况。从图中的数据可以看出，静态 NBTI 效应受 PMOS 晶体管处于负偏置的时间长短影响较大。随着 PMOS 晶体管处于负偏置的时间增加，其阈值电压会急剧升高。而 PMOS 晶体管在经受动态 NBTI 效应时的阈值电压变化情况却有所不同。从图 1.8(b)所示的数据可以看出，当 PMOS 晶体管在经历动态 NBTI 效应时会有一定的时间处于恢复阶段，升高的阈值电压会有部分回落。因此，在经历相同的操作时间后，由动态 NBTI 效应所导致的阈值电压增加量要远远小于静态 NBTI 效应。图 1.9 给出了 PMOS 晶体管分别经受静态和动态 NBTI 效应时阈值电压变化情况的对比。由图 1.9 可以看出，静态和动态 NBTI 效应导致的 PMOS 晶体管阈值电压增加量可以出现几倍的差异。另外，动态 NBTI 效应导致的阈值电压增加量相对于不同的占空比也存在一定的差异。在 NBTI 研究领域，占空比(duty cycle)表示在一段操作时间内 PMOS 晶体管处于负偏置的时间占整个操作时间的比例。它可以等同于统计信号概率(signal probability)[17]。注意这里所说的统计信号概率是指统计意义上信号为低电平(即逻辑“0”)的概率。由于占空比反映了 PMOS 晶体管处于负偏置时间的长短,因此,占空比的值越大,阈值电压的增加量也就越大。

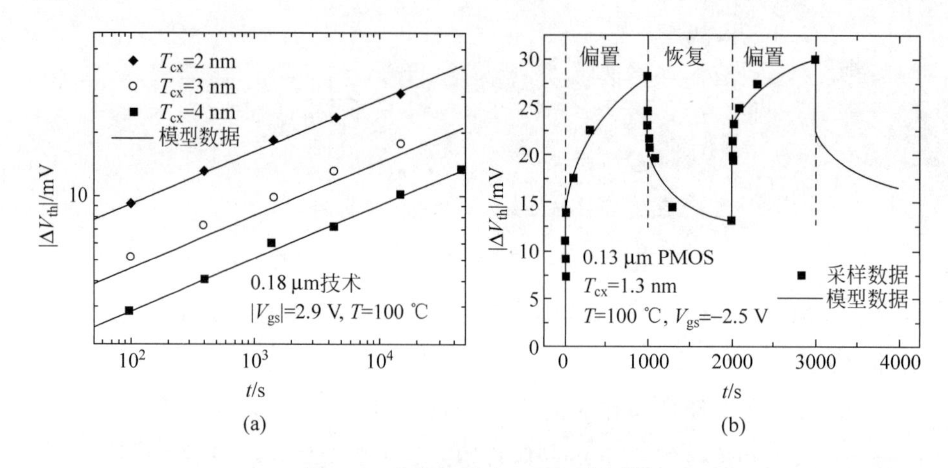

图 1.8　静态和动态 NBTI 效应[16]

(a) 静态 NBTI 效应；(b) 动态 NBTI 效应

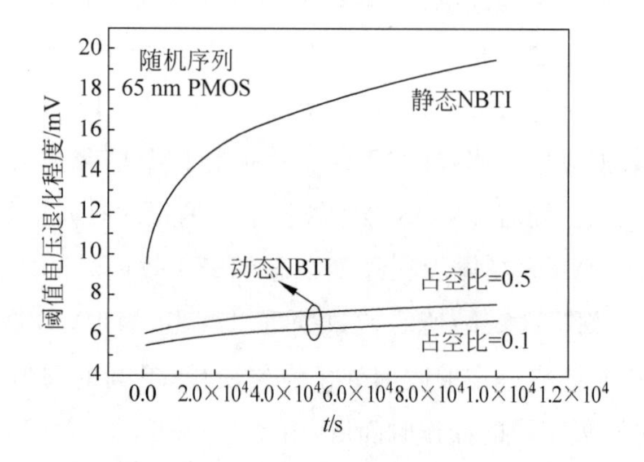

图 1.9　PMOS 晶体管阈值电压的增加量在静态和动态 NBTI 效应下的差异[14]

除了占空比外,电路执行功能操作时的工作温度也对 NBTI 效应导致的 PMOS 晶体管阈值电压变化起着重要影响。这是因为在较高的工作温度下硅-氢链更容易发生断裂。图 1.10 给出了晶体管经受静态 NBTI 效应时不同的工作温度对于阈值电压增加情况的影响。由图中可以看出,在较高的工作温度下,阈值电压的增加量也越大。

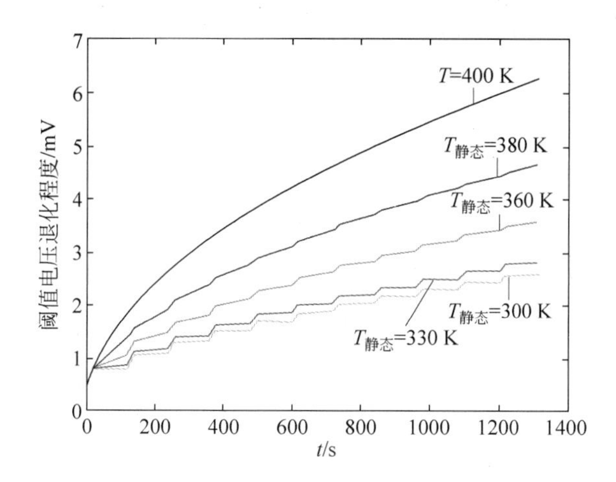

图1.10 工作温度对于NBTI效应导致的阈值电压增加情况的影响[18]

1.3 章节组织结构

本书分两大部分。第一部分包括第2～6章，主要介绍电路级偏差分析和优化方法。其中，第2章从硅前分析和预测、在线预测和优化三个方面介绍国际和国内相关工作的研究现状。

第3章介绍面向工作负载的电路老化分析方法。包括怎样在考虑NBTI效应导致的电路老化的情况下通过静态时序分析来识别和精简电路中的关键通路和关键门；如何通过非线性规划方法求解可以导致电路在NBTI效应下最大老化的最差占空比集合，并给出实验及结果分析。

第4章首先介绍电路老化的统计分析和预测方法。通过对工艺偏差和NBTI的联合效应进行门级建模来刻画标准单元在二者联合效应下的时延分布情况。其次，将此门级模型应用到统计静态时序分析中来预测整个电路在工艺偏差和NBTI联合效应影响下的时延分布。最后，将该老化统计分析和预测方法应用到电路老化的优化中。根据预测的电路时延分布，通过门设计尺寸缩放算法优化电路的时延分布以保证电路的服役期可靠性满足预先设定的指标。

随后，这一章的第二部分介绍提出的硅前和硅后协同的电路老化分析和预测方法。通过建立神经网络模型学习硅后时序验证阶段通路时延测试的结果，并据此获得制造后芯片实际的参数偏差分布和相关性信息。最后将学习的成果反馈到统计时序分析中以提高设计阶段电路老化统计分析和预测的精度。

第 5 章介绍基于时延监测原理和测量静态漏电变化原理对 NBTI 效应导致的老化进行在线预测的方法。首先介绍在线电路老化预测和超速时延测试双功能的时钟信号生成电路设计。该双功能电路通过抗 NBTI 老化设计来最小化在线操作时自身的老化，同时利用反向的短沟道效应提高双功能电路相对于工艺偏差的鲁棒性，其次介绍通过在线测量电路静态漏电的变化来预测电路由于 NBTI 效应导致的老化方法。通过施加多个测量用向量建立通路漏电变化的方程组，求解方程组可以获得单个通路的漏电变化量，并据此预测电路的老化。

第 6 章首先介绍如何根据特定的门输入节点上的占空比集合生成多个控制向量，随后介绍采用多个控制向量抑制电路处于待机模式时由于 NBTI 效应导致的老化的方法。根据求解得到的关键门输入节点上的最佳占空比集合，修改测试向量生成算法以生成多个控制向量并确定每个向量特定的施加时间。这一章第二部分介绍协同优化电路静态漏电和由于 NBTI 效应导致的老化的方法。与单独优化电路老化不同，一个门级的静态漏电和老化协同优化模型首先被建立起来。基于这个协同优化模型，对前面用到的非线性规划方法进行修改来求解可同时导致电路最小静态漏电和老化的最佳占空比集合，最后根据这个占空比集合生成要求的多个控制向量。

第二部分则涉及第 7～10 章，主要介绍系统级偏差分析和优化的方法。首先，第 7 章介绍参数偏差在系统级的表现、对于多核处理器性能参数的影响。第 8 章则介绍目前系统级参数偏差分析和优化的国内外研究现状。

第 9 章介绍一种偏差感知的统计能耗优化方法。与已有方法不同，本章的方法考虑了参数偏差影响下，任务执行时间和功耗表现出的概率特点，结合统计分析和优化方法实现电压/频率岛(VFI)的划分、处理元素电压和操作频率的设定以及任务调度。另外，我们发现，参数偏差影响下，同构设计的多处理器片上系统(MPSoC)中，处理元素操作频率和功耗参数的分布较为相似；但异构设计的 MPSoC 中，这些参数的分布差异很大。因此，我们又提出了能耗优化敏感度和最低操作电压两个参数。这两个参数不仅有利于我们的方法能够同时适用于同构和异构 MPSoC 平台，还能够更好地挖掘优化空间，实现更有针对性的优化。

面向采用电压/频率岛设计的三维多核片上系统(SoC)，第 10 章将介绍一个硅后优化框架，在最小化系统能耗的同时，满足任务截止时间和系统热约束。首先，根据硅前确定的 VFI 划分方案以及工艺偏差造成的性能参数偏差，提出能效感知的任务调度算法。该算法统一考虑后续的电压/频率分派以最小化任务的执行能耗。随后，提出任务迁移算法，在任务图的执行过程中实现核栈间的功耗平衡，降低芯片温度。

第一部分　电路级参数偏差分析和优化

第2章　国内外研究现状

近些年来，参数偏差效应已成为国际与国内工业界和学术界研究的热点问题之一。国际方面，在设计自动化和体系结构领域的顶级会议和期刊上有大量的论文发表。而国内一些中文期刊也有少量关于参数偏差研究的论文（国内一些单位如清华大学、复旦大学和中国科学院计算所也有关于参数偏差效应的研究论文，不过他们的研究成果多发表在国外的期刊和会议上）。

目前，针对NBTI效应导致的电路老化所进行的研究工作可以归纳为三类：硅前设计阶段对NBTI效应进行分析和预测、硅后芯片使用阶段对NBTI效应导致的老化进行在线预测，以及采用各种优化技术以抑制NBTI效应导致的电路老化。下面分别进行简要的介绍。

2.1　硅前老化分析和预测

在设计阶段对NBTI效应导致的电路老化进行分析和预测，可以帮助设计者了解和掌握NBTI效应对电路性能参数以及可靠性的影响，从而做出较为科学合理的设计决策。例如，在集成电路的设计阶段可以通过分析和预测NBTI效应导致的电路老化确定所需预留的定时余量（timing margin），指导相关的可靠性设计工作。

2.1.1　反应-扩散模型

一些器件和可靠性物理领域的研究人员首先提出采用反应-扩散模型（reaction-diffusion model）对NBTI效应进行分析和建模，并将NBTI效应划分为偏置（stress）和恢复（recovery）两个阶段[19-22]。反应-扩散模型假定当门输入信号为低电平，即 PMOS 晶体管负偏置后，在硅和二氧化硅的交界处形成电场相关的反应过程，导致钝化过程中形成的硅-氢链发生断裂，从而在沟道中出现正离子(界面陷阱)。图 2.1 给出了这个过程的示意图。如图所示，断裂的硅-氢链在沟道中形成 Si^+ 和氢原子(H)。开始时界面陷阱的生成速率依赖于硅-氢链断裂的速度(dissociation)，这时称 NBTI 效应处于反应阶段。随后，界面陷阱的生成速率依赖于氢原子的移动(removal)速度，这时称 NBTI 效应处于扩散阶段。沟道中的部分氢原子会结合成氢分子(H_2)，而氢分子的形成又会加速氢原子的扩散。

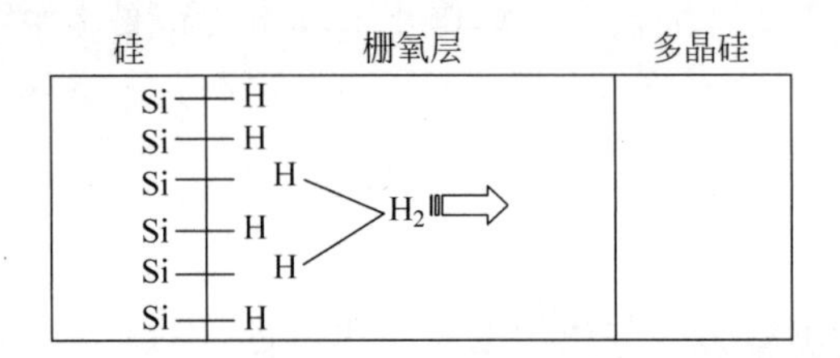

图 2.1 用来解释界面陷阱产生原因的反应-扩散模型示意图[19]

根据硅-氢链初始的数目 N_0 及耗尽层(inversion)载流子的浓度(P)，反应阶段界面陷阱 N_{IT} 的生成速率可以表示为[19]

$$\frac{dN_{IT}}{dt} = k_F \cdot (N_0 - N_{IT}) \cdot P - k_R \cdot N_H \cdot N_{IT} \tag{2.1}$$

式中，k_F 表示电场相关的前向扩散率常数，k_R 表示恢复率常数，N_H 表示氢原子的浓度。

而在扩散阶段，扩散种子(氢原子和氢分子)从硅与二氧化硅的交界处向着栅极移动，并形成阶梯形的密度分布。这个过程可以用下面的公式来表示[19]：

$$\frac{dN_H}{dt} = D_H \cdot \frac{d^2 N_H}{dx} \tag{2.2}$$

其中，D_H 表示氢原子的扩散系数。

求解式(2.1)和式(2.2)，结果表明界面陷阱的生成速率同 PMOS 晶体管负偏置的时间成幂率(power-law)关系。当扩散种子为氢原子时，时间常数可以取 0.25；而当扩散种子为氢分子时，时间常数可以取 0.16。

2.1.2　基于额定参数值的 NBTI 模型

基于反应-扩散模型，一些研究工作开始在假定晶体管物理和电气参数为设计时所规定的额定值的情况下对 NBTI 效应进行门级（gate-level）建模，并将门级模型扩展到电路级（circuit-level）来分析和预测 NBTI 效应对于电路服役期可靠性的影响。

一些文献对 NBTI 效应导致的阈值电压或传播时延变化在门级进行建模[16,23-26]。他们根据门输入节点上的信号是否变化将 NBTI 效应分为静态和动态两种，并给出了相近的分析表达式和模拟结果。例如，文献[23]基于反应-扩散模型给出了 PMOS 晶体管在经受静态和动态 NBTI 效应时阈值电压变化的计算公式，并给出了在不同工作条件和晶体管参数下相应的模拟结果，如图 2.2 所示。由图 2.2(a)可以看出，在静态 NBTI 效应下，栅-源间的电压（V_{gs}）越高，PMOS 晶体管的阈值电压增加量也就越大；同样的，在施加相同的栅-源间电压的情况下，工作温度越高，阈值电压增加量越大。图 2.2(b)则给出了在不同栅氧厚度（t_{ox}）的情况下，动态 NBTI 效应导致的 PMOS 晶体管阈值电压的变化。从图中数据可以清楚地看出，栅氧层越厚，阈值电压在恢复阶段所下降的值也就越多。这也表明随着工艺的进步，栅氧层的厚度不断减小，会更加恶化 NBTI 效应导致的 PMOS 晶体管老化。

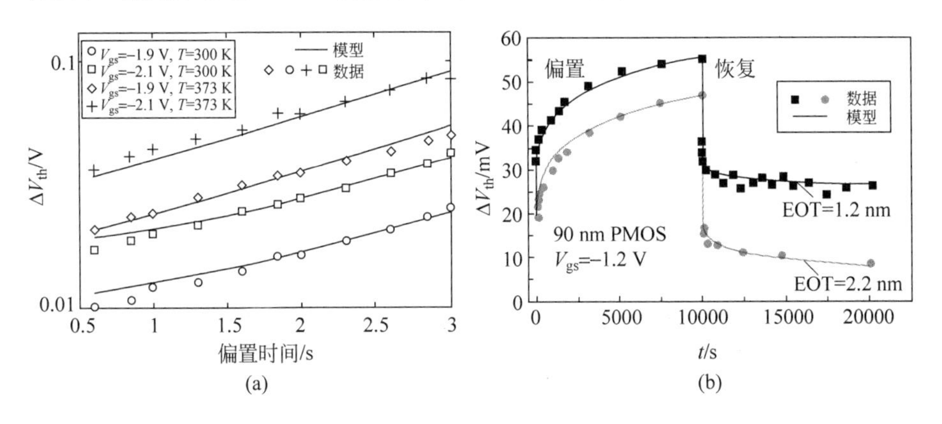

图 2.2　NBTI 效应导致的 PMOS 晶体管阈值电压变化[25]

(a) 不同工作温度和 V_{gs} 下静态 NBTI 效应导致的阈值电压变化；

(b) 动态 NBTI 效应导致的阈值电压变化

将NBTI效应的门级模型扩展到整个电路，一些研究工作分析和预测了NBTI效应对随机逻辑(random logic)[14,27]和存储器件(SRAM)[28]造成的老化以及工作温度对NBTI效应的影响[17,29,30]。他们的研究工作表明，NBTI效应导致的电路老化强烈依赖于电路中的门处于负偏置的时间比例(即占空比)和工作温度，但对于供电电压和电路的工作频率敏感度较低[14]。

图2.3给出了假定不同占空比的情况下对两个ISCAS'89电路所做的电路老化模拟的实验结果。从图中可以看出，经过相同的操作时间，不同的占空比会导致电路的时延增加量出现较大的差异。由于电路执行功能操作期间内部节点的占空比取决于电路所执行的工作负载(workload)，因此电路中不同的通路有着不同的老化速率。这也揭示了一个有趣的现象，即电路中某些本来并不是最长通路的通路在经过一段使用时间后可能由于老化的作用而变为最长通路。图2.4所示的实验数据也证明了这一点。图2.4(a)为电路c17的网表。而从图2.4(b)可以看出，在NBTI效应下，随着电路操作时间的推移，电路中最长通路由输出9变为输出10。

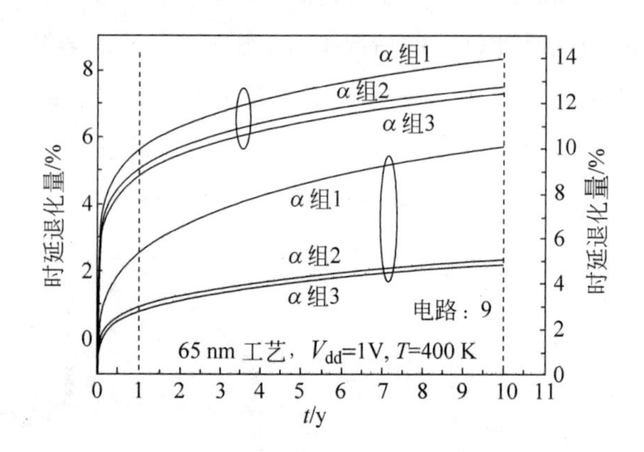

图2.3 不同占空比对于NBTI效应导致的电路老化的影响[14]

工作温度也对NBTI效应导致的电路老化有着显著影响。这是因为硅-氢链在较高的温度下更加容易断裂，从而增加了沟道中界面陷阱的浓度。图2.5给出了电路c432在不同工作温度下的老化数据，表明较高的工作温度会导致较大的电路老化。

由于电路中的关键通路(critical path)在NBTI效应导致的老化影响下会随着操作时间的推移而发生变化，因此，在考虑老化的情况下识别电路中的

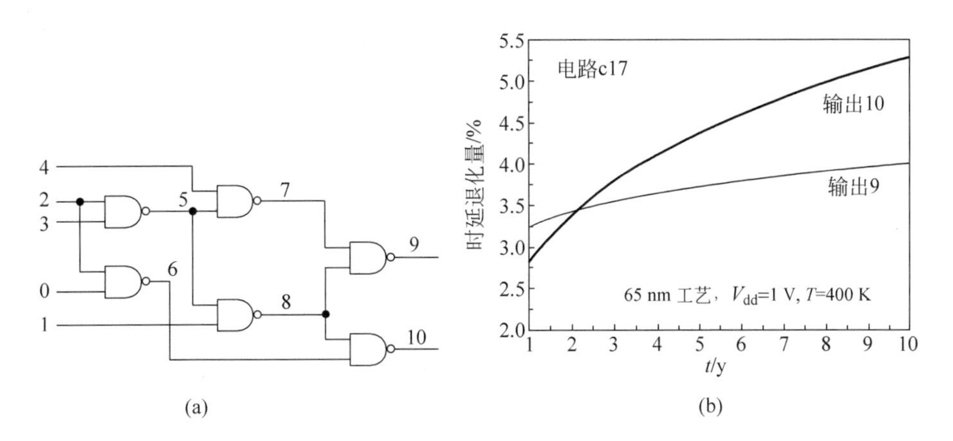

图 2.4　电路中关键通路会因为 NBTI 效应导致的老化而变化[14]

(a) 电路 c17 的网表；(b) 电路 c17 的老化

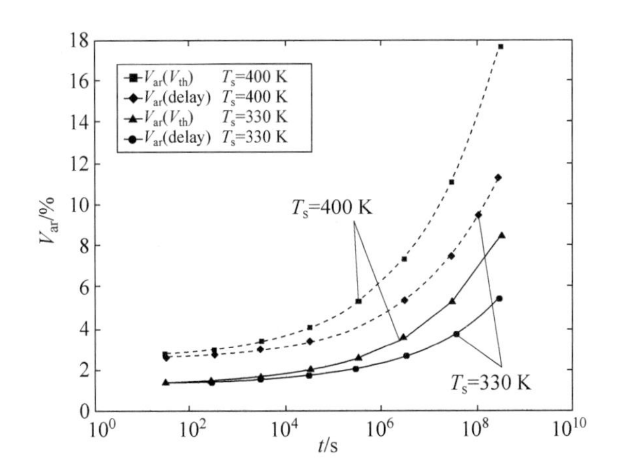

图 2.5　电路处于待机模式时不同工作温度对于 NBTI 效应导致的老化的影响[17]

关键通路也与传统采用静态时序分析来识别关键通路的做法不同。一些文献提出了如何在考虑 NBTI 效应导致的老化的前提下识别电路中的关键通路或据此对电路的老化进行预测[17,31,32]。例如，图 2.6 给出了文献[17]提出的考虑 NBTI 效应的静态时序分析方法。

在图 2.6 所示的方法中，首先从较为保守的角度，采用静态时序分析识别出电路中所有可能在 NBTI 效应导致的老化的影响下成为关键通路的通路。随后，考虑 NBTI 效应，对技术库中标准单元的传播时延进行刻画，并再次采用静态时序分析来获得真正会影响电路时延变化的关键通路。

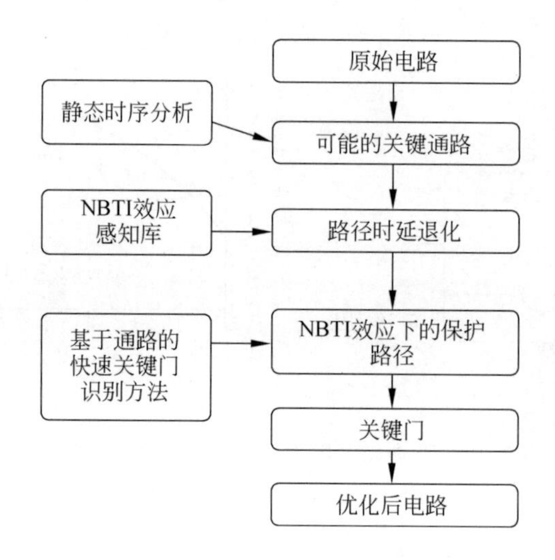

图 2.6 考虑 NBTI 效应的静态时序分析方法[17]

文献[17]提出的这种关键通路的识别方法强烈依赖于对通路上门的输入节点占空比的假设。而在实际的电路操作中,工作负载不断变化,因此很难精确获得实际工作负载下电路节点的占空比情况。这会影响文献[17]提出的方法的准确性。

文献[32]提出最大动应力(maximum dynamic stress,MDS)方法来识别电路中的关键通路并据此预测电路由于 NBTI 效应导致的老化上限。如图 2.7 所示,在 MDS 方法中,将电路中所有节点的占空比均假定为 0.95,认为这样既可以反映电路中节点在实际工作负载下的占空比取值情况,又可以避免过于悲观的估计。随后采用静态时序分析获得最长通路的时延值。这个时延值减去在不考虑 NBTI 效应时通路的额定时延值即电路老化的上限值。

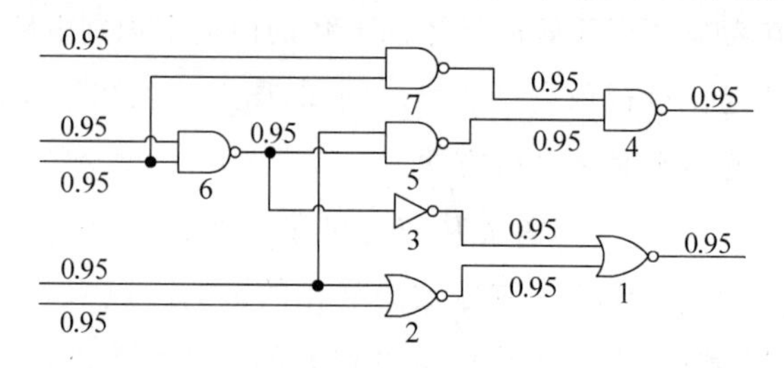

图 2.7 MDS 方法示意图(以电路 c17 为例)

虽然采用 MDS 方法可以获得安全的电路老化上限值，但获得老化上限值的做法未免过于保守和悲观。电路中节点上的占空比取值是由门所实现的逻辑功能及电路的逻辑拓扑所决定的，实际操作中不可能出现电路中所有节点上的占空比全部为 0.95 的情况。这导致 MDS 预测的电路老化上限值远高于电路实际的老化。

2.1.3 考虑工艺偏差的老化统计模型和分析

1. 硅前分析和预测

2.1.2 节所介绍的研究工作在分析和预测 NBTI 效应导致的电路老化时都没有将工艺偏差考虑在内，即假定器件的物理和电气参数均为设计时所规定的额定值。由于工艺偏差造成制造后芯片的器件参数呈统计分布[23,33-35]，忽略这种影响会导致电路的老化分析无法覆盖所有可能的工艺拐点(process corner)。因此，一些研究人员提出对工艺偏差和 NBTI 效应进行联合建模，分析和预测在二者联合效应下电路的时延分布情况[36-38]。

文献[36]首先探索了对工艺偏差和 NBTI 的联合效应进行建模，并分析二者联合效应对于电路时延的影响。如图 2.8(a)所示，在不施加 NBTI 效应的情况下，他们对放置在一些采样芯片上的环形振荡器(ring oscillator, RO)的工作频率和漏电进行了测量，发现在工艺偏差的影响下，环形振荡器的工作频率出现了 25%的偏差，而漏电出现了 3 倍的偏差。由于工艺偏差造成环形振荡器内晶体管参数(如阈值电压)呈现统计分布，因此，在对这些采样芯片施加一段时间的 NBTI 效应后发现，环形振荡器工作频率的降低同样呈现统计分布，如图 2.8(b)所示。这说明工艺偏差和 NBTI 效应之间有着很强的交互作用，需要采用统计分析方法来刻画二者联合效应对于电路时延的影响。

随后，文献[36]提出了一个老化统计模型来刻画门在工艺偏差和 NBTI 联合效应下的时延分布情况，并将这个门级老化统计模型拓展到通路分析上以预测通路的时延分布。然而，由于没有考虑到参数偏差分布的空间相关性，文献[36]提出的老化统计模型只适用于对单通路的时延分布进行分析和预测，无法应用到整个电路的分析中。

文献[37]提出了一个电路老化的统计分析和优化框架(framework)，用

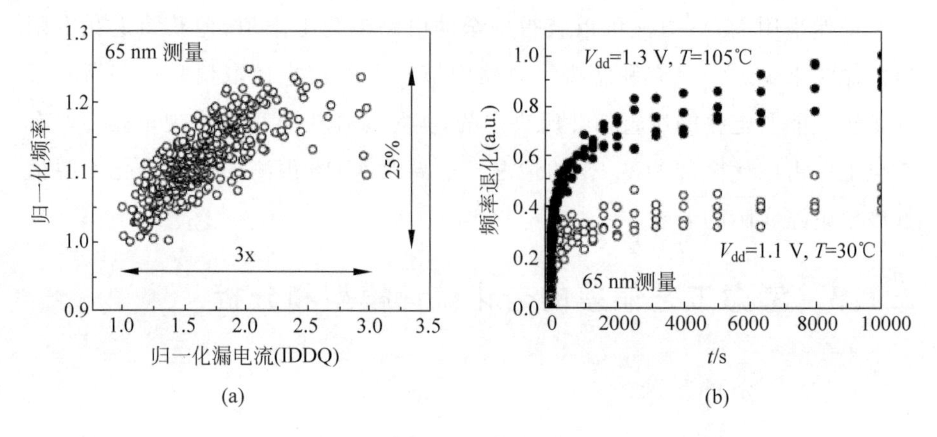

图 2.8　工艺偏差和 NBTI 联合效应对于环形振荡器老化的影响[36]

(a) 施加 NBTI 效应之前测量得到的 RO 工作频率和漏电偏压；

(b) 施加 NBTI 效应后测量得到的 RO 工作频率分布

以对电路在工艺偏差和 NBTI 二者联合效应下的时延分布进行分析和预测，并提出一个优化参数指导随后的电路时延优化算法。如图 2.9 所示，文献[37]提出统计分析和优化框架首先在门级建立老化统计模型，采用随机搭配(stochastic collocation)和多项式混沌扩展(polynomial chaos expansion)方法来刻画标准单元在工艺偏差和 NBTI 联合效应下的时延分布情况。随后，根据门级老化统计模型，采用一阶增量基于块(first-order incremental block-based)的统计时序分析[39]预测电路时延的分布。在获得电路的时延分布后，按照门的敏感度(sensitivity)和关键性(criticality)对关键门集合进行排序，随后采用门设计尺寸缩放算法(gate-sizing)优化电路的时延，以保证电路的时延分布满足预定的可靠性指标。

虽然文献[37]提出的方法能够有效地分析和预测电路时延在工艺偏差和 NBTI 联合效应下的分布情况，然而，由于他们所采用的统计时序分析方法需要使用克拉克(Clark)方程[40]求解多个信号到达时间的最大值，因此信号到达时间最大值的计算是非线性的。另外，在对关键门进行优化时没有考虑门实际的时延增加量，因此影响了时延优化算法的收敛速度，增大了所引入的面积开销。

2. 硅前和硅后协同的分析和预测

设计阶段所采用的统计时序分析往往基于假定的统计时序模型，对工艺

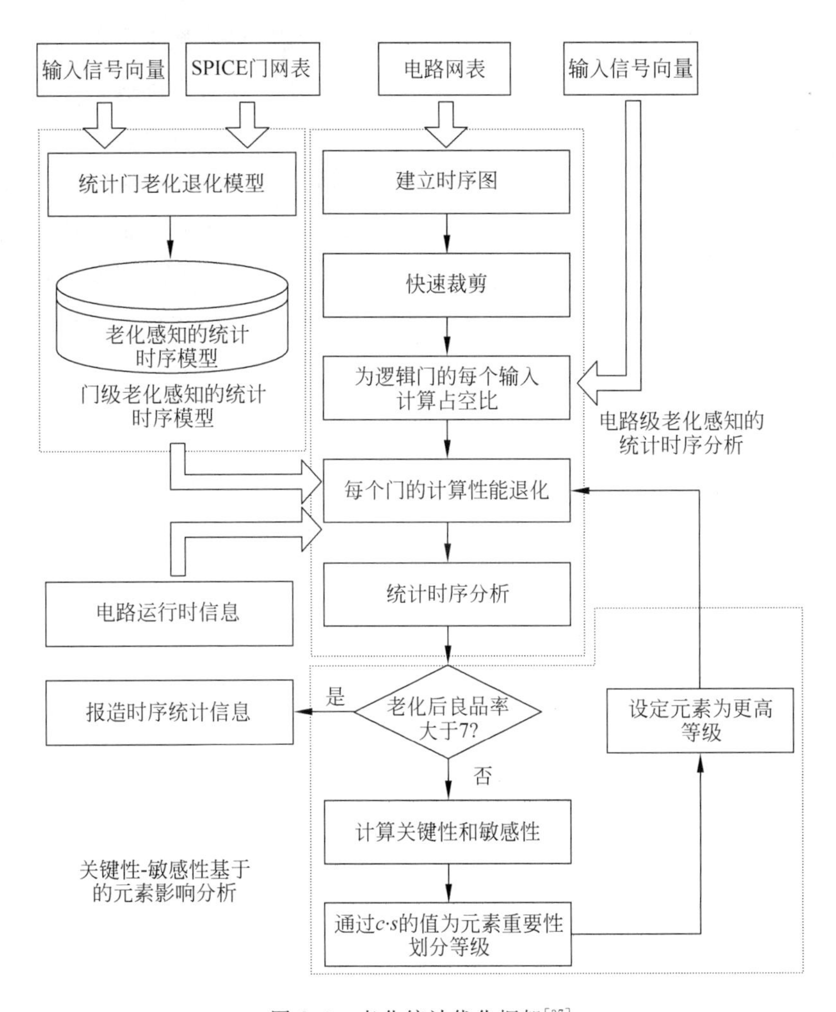

图 2.9　老化统计优化框架[37]

偏差导致的静态参数偏差分布及其相关性进行刻画，然而，这种假定的模型同制造后芯片实际的参数偏差分布和相关性情况有着较大的差异，从而会影响设计阶段统计时序分析的精度和准确性。因此一些研究工作提出通过测量和学习芯片实际的参数偏差分布情况，来校正设计阶段所采用的统计时序模型[6,41-43]。

文献[41]将芯片的面积划分成网格(grid)，并在多个网格中放置环形振荡器一类的测试电路。通过测量采样芯片中这些测试电路工作频率的分布来获得芯片参数偏差分布和相关性信息。如图 2.10(a)所示，多个环形振荡器被放置在芯片不同的位置点上，用以捕获芯片实际的参数偏差分布和相关性信息。对多个采样芯片上的环形振荡器进行测量可以获得这些环形振荡器工作频率分布的概率密度函数(probability density function, PDF)。而整个芯片参数偏差分布的概率密度函数则可以通过对这些环形振荡器工作频率分布的概率密度函数取条件概率来得到。图 2.10(b)对比了通过测量环形振荡器工作频率的分布并取条件概率而得到的电路时延分布，以及通过统计时序分析预测的电路时延分布。由图中可以看出，统计时序分析给出的电路时延分布较宽，同实际的电路时延分布相比有着较大的差异。另外，在芯片上放置的环形振荡器数目越多，所获得的电路时延分布也就越接近于实际情况。

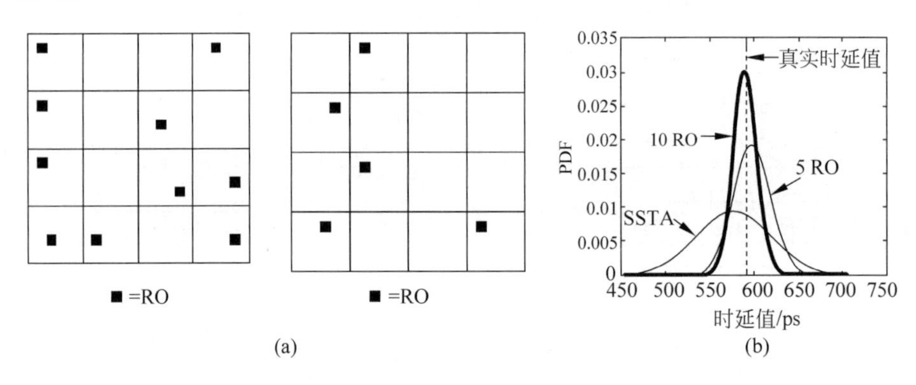

图 2.10 放置测试电路获取参数偏差分布和相关性信息[41]

(a) 在网格中放置环形振荡器；(b) 电路时延分布比较

文献[6]提出通过对硅后时序验证阶段通路时延测试(path delay testing)的结果进行贝叶斯(Bayesian)学习来获得制造后芯片实际参数偏差分布的上、下限。图 2.11(a)给出了他们提出的方法的示意图。首先，统计时序分析根据假定的参数偏差分布和相关性模型给出电路时延分布的上、下限。随后，在第一次硅调试(silicon debug)阶段对一些关键通路进行时延测试并获得这些通路的时延分布信息。最后，采用贝叶斯学习方法获得实际参数偏差分布的相关性信息并据此校正统计时序分析的结果(图 2.11(b))。

与文献[6]类似，文献[42]同样对制造后芯片进行通路时延测试，然后采用支持向量机(support vector machine, SVM)学习方法对时延测试的结果进行学习以获得芯片实际的参数偏差分布和相关性信息。

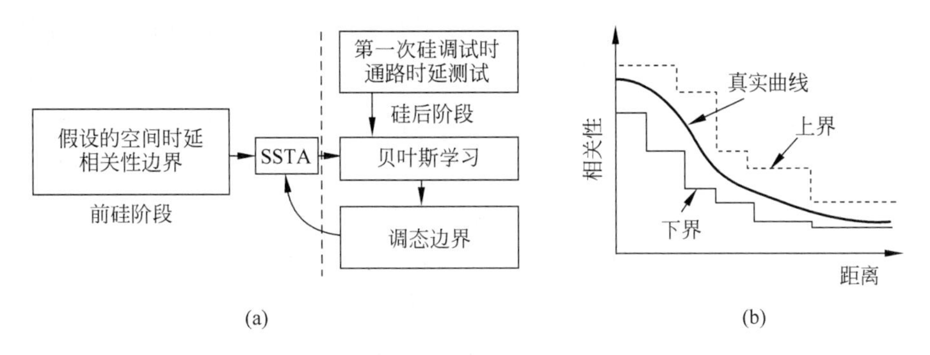

图 2.11 通过贝叶斯学习空间相关性来校正统计时序分析结果[6]

(a) SSTA 学习；(b) LCB,UCB

文献[43]提出通过测量芯片供电引脚的漏电来获得芯片的参数偏差分布和相关性信息。其理由是目前的微处理器或 ASIC 往往具有几十个甚至上百个供电引脚,并且这些供电引脚分布在芯片的四周。对这些供电引脚流出的漏电进行测量,能够反映与被测引脚相邻近区域的参数偏差分布情况。综合测量的结果即可获得整个芯片的参数偏差分布信息。

在本书前面提到过,NBTI 效应导致的老化会改变电路的关键通路,因此会影响到硅后通路时延测试中目标通路的选择。由于上述的研究工作在目标通路的选择以及随后的硅后学习过程中没有将 NBTI 效应导致的电路老化考虑在内,因此不适用于对工艺偏差和 NBTI 的联合效应进行分析和预测。

2.2 在线电路老化预测

在线电路老化预测方法是在电路执行实际工作负载的情况下监测电路老化的程度,其监测结果能够很好地反映电路的实际老化情况,从而可以在系统数据或状态因为电路老化而遭到破坏之前作出预警,提醒用户采取相应的保障措施。

2.2.1 基于时延监测原理的在线老化预测方法

NBTI 效应导致的老化最终表现为电路中通路时延的增加。因此,实时监测通路时延的变化是一种有效的、常用的老化预测方法。文献[44]和文献

[32]提出采用老化传感器(aging sensor)实时监测电路中关键通路的时延变化来预测电路的老化。老化传感器可以被嵌入到触发器中并且可以同触发器一样接收来自组合逻辑的输出信号。其基本工作原理是由老化传感器在时钟信号的触发边沿之前形成一个保护区间(guardband interval)。如果电路的老化没有超过规定的阈值,则组合逻辑输出的跳变信号不会出现在保护区间内。而如果在保护区间范围内老化传感器监测到组合逻辑输出的跳变信号则表明组合逻辑的老化超过了规定的阈值(guardband violation)。这时,老化传感器会产生一个跳变信号用以向用户报警。图 2.12 给出了老化传感器的结构和工作原理示意图。

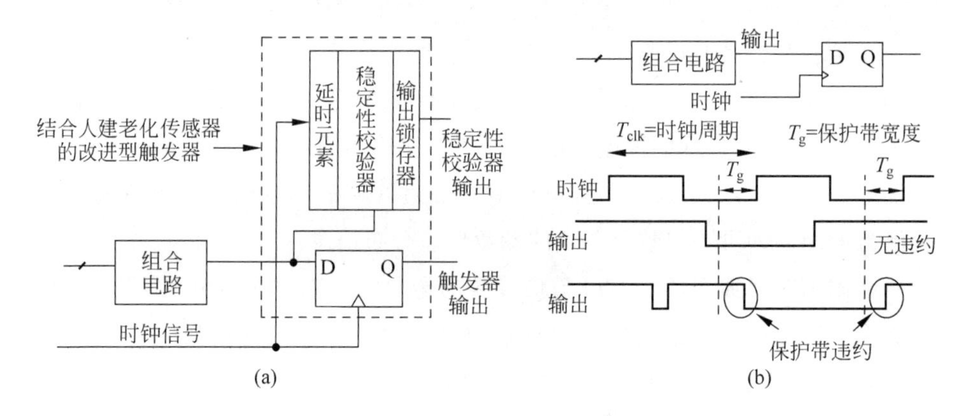

图 2.12 老化传感器的结构和工作原理示意图[44]

(a) 老化传感器结构;(b) 老化传感器工作原理

如图 2.12(a)所示,老化传感器的包括三个组成部分:延时元素(delay element)、稳定性校验器(stability checker)和输出锁存器(output latch)。延时元素和稳定性校验器会在老化传感器工作时形成保护区间,而输出锁存器可以锁存报警信号。图 2.13 给出了稳定性校验器和延时元素的结构示意图。图 2.14 给出了老化传感器工作时的波形示意图。

结合图 2.13 以及图 2.14 可以看出,在一个时钟周期的开始,时钟信号为高电平(即 Clock_b 为低电平),PMOS 晶体管 T_1 和 T_5 保持导通,而 NMOS 晶体管 T_3 和 T_7 关闭。这时,稳定性校验器的输出为低电平,这个阶段称为稳定性校验器的预充电(precharge phase)阶段。由于延时元素引入了 $T_{clk}/2-T_g$ 的延时(T_{clk}表示时钟周期,T_g 表示保护区间大小),在整个保护区间内,晶

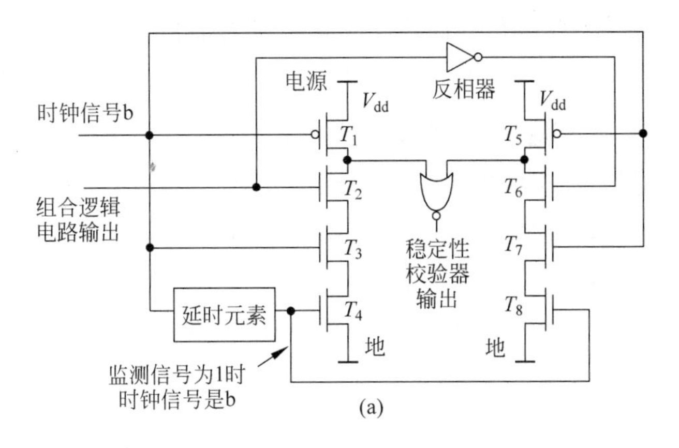

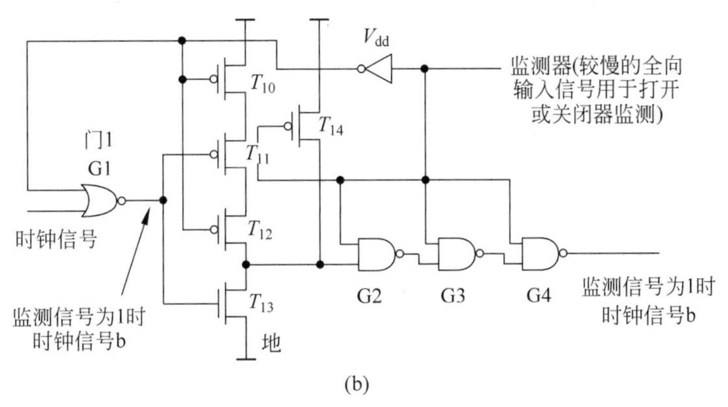

图 2.13　稳定性校验器和延时元素的结构示意图[44]

(a) 稳定性校验器；(b) 延时元素

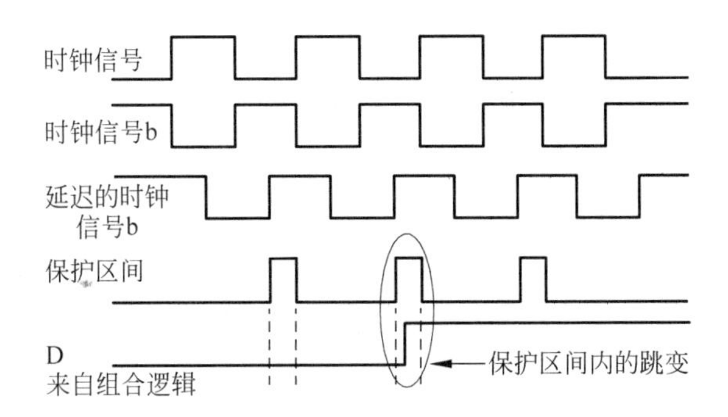

图 2.14　老化传感器工作波形示意图[44]

体管 T_3、T_4、T_7 和 T_8 保持导通，而 T_1 和 T_5 关闭。这种情况下，只有当组合逻辑输出的跳变信号出现在保护区间内时，稳定性校验器的输出才会翻转为高电平。输出的这个上跳变信号即作为老化传感器的报警信号并可以被输出锁存器锁存。

在设计阶段，可以根据时序分析的结果将老化传感器嵌入到与某些关键通路相连接的触发器中，用以在线监测这些通路的时延变化。当某条或多条通路由于老化而增加的时延超过预先设定的阈值时，老化传感器即可产生报警信号以提醒用户提前采取相应的措施。

借鉴文献[44]提出的老化传感器的工作原理，其他研究工作提出了各种各样的在线老化预测电路。文献[45]提出一个统一的故障检测方法——SVFD。SVFD可以同时被用来检测软错误(soft error)和电路老化，其代价是需要增加额外的时钟信号。文献[46]提出通过测量组合逻辑块的时延来预测电路的老化程度。虽然组合逻辑块的时延变化可以被精确的测量，但是却会引入非常大的硬件开销。文献[47]提出电压毛刺(voltage glitch)生成和检测电路用以实时监测电路的老化。然而，这个电路设计本身不具备抗老化能力，因而会随着使用时间的推移而逐渐丧失监测精度。文献[48]提出基于可配置(configurable)NMOS晶体管网络的可编程老化传感器来监测电路时延的变化。其缺点在于实际操作中很难精确地改变NMOS晶体管的设计尺寸来保证老化传感器在工艺偏差影响下的健壮性(robustness)。

另外，上述研究工作提出的方法都面临一个同样的问题：实际的保护区间会由于工艺偏差的影响而偏离预定值，因此可能造成老化传感器出现错误的判断(false alarm)。

2.2.2 超速时延测试

基于时延监测原理的在线电路老化预测方法和超速时延测试(faster-than-at-speed testing)有一个共同的要求：需要提前于功能时钟捕获电路的响应。因此本书提出了一个在线电路老化预测和超速时延测试双功能的时钟信号生成电路(详见第5章)。这里仅对超速时延测试相关的技术背景以及目前的研究现状进行简要的介绍。

1. 超速时延测试原理

随着制造工艺进入到纳米尺度，芯片的工作频率达到GHz级，芯片的定时约束(timing constraint)也更加严格。为了保证数字电路的正常工作，仅仅验证其逻辑功能是否正确是不够的，还应该保证它在给定输入的情况下能在规定的时钟周期内输出正确的响应[49]。然而，制造过程中引入的一些缺陷、工艺偏差造成的通路时延偏差、电路执行功能操作时出现的一些实时噪声等都会影响电路的时延，导致芯片无法在给定的工作频率下正常工作。因此，以保证数字电路时间特性为目标的时延测试(delay testing)一直都是学术界研究的热点问题，以及工业界在制造测试中广泛采用的测试方法。

时延测试中经常对影响芯片时延的缺陷进行抽象和建模。常用的时延故障模型包括通路时延故障(path delay fault)[50-53]、跳变时延故障(transition delay fault)[54-56]和门时延故障(gate delay fault)。当然，NBTI效应导致的电路老化其实也可以看成是一种时延故障，只是这种时延故障是随着使用时间的不断推移而逐渐影响芯片的时延特性。通路时延故障是指如果一条通路的时延(即这条通路上的门和互连线传播时延的总和)超过规定的时钟周期，则电路就被认为是存在通路时延故障。跳变时延故障刻画的是单条互连线或电路中单个结点传播上跳变信号或下跳变信号的延迟过大造成的时延故障。而与跳变时延故障不依赖于故障效应传播通路的特性不同，门时延故障中假设只有电路中长通路通过故障结点时才可能导致电路的时延故障。通路时延故障非常有利于处理分布式的时延故障，因此受到广泛的关注。但是，通路时延故障模型的一个缺点是电路的总通路数将随着电路规模的大小按指数关系增长，所以试图测试电路中的每一条通路是不现实的[49]。如何精简测试集是对电路实施完全的通路时延测试必须解决的问题。而相比通路时延故障测试，跳变时延故障测试的测试生成难度要小很多，且跳变故障数量的上界仅是电路中结点数的两倍[49]。因此，在实际的制造测试中，出于实际应用困难的考虑并为了节省测试成本，通常使用对跳变时延故障有较高故障覆盖率的时延测试集，辅助以关键通路的通路时延故障测试集，来实施时延测试。

时延测试往往需要扫描技术的支持。集成电路中的触发器被转变为可扫描的触发器，这些可扫描的触发器又可以连接在一起组成扫描链。图2.15(a)给出了扫描触发器的结构示意图。其中，DI表示正常数据输入，SI表示扫描数据输入。在扫描使能信号 SE 的控制下，扫描触发器可以在正常工作模式(锁存 DI 上的数据)或扫描模式(锁存 SI 上的数据)间切换。

图 2.15(b)给出了采用扫描设计的时延测试方法的示意图，而图 2.15(c)给出了测试时的波形示意图。输入和输出测试时钟分别控制向量的应用和组合逻辑输出信号的锁存。这些时钟应该是独立可控的，以便允许不同时钟之间的相位可以延迟或偏移。双向量的时延测试基于以下的假设[49]：当施加向量 V_2 时，所有因为施加向量 V_1 而变化的信号已经达到它们的稳定状态。如果没有出现这种情况，那么当向量 V_2 被施加时，实际电路中可能仍然还存在一些瞬态信号，这些瞬态信号会干扰目标通路的测试。为了避免这个问题，用一个较慢工作频率的时钟来施加向量 V_1。在图 2.15(c)所示的时序图中，输出测试时钟偏移了一个额定工作时钟(rated clock)周期的数值，这段时间允许 $V_1 \rightarrow V_2$ 的跳变在组合逻辑中传播。如果被激活的通路的时延比额定工作时钟周期长，由向量 V_2 产生的变化了的输出信号将不会被输出锁存器捕获，结果得到错误的信号，表明存在时延故障。通常，依据测试向量 V_2 的获取方法，可以把时延测试分为捕获后加载(launch-off-capture，LOC)、移位后加载(launch-off-shift，LOS)，以及增强型扫描(enhanced scan)三种方式。具体细节这里就不再一一介绍了，感兴趣的读者可以参考文献[57]。

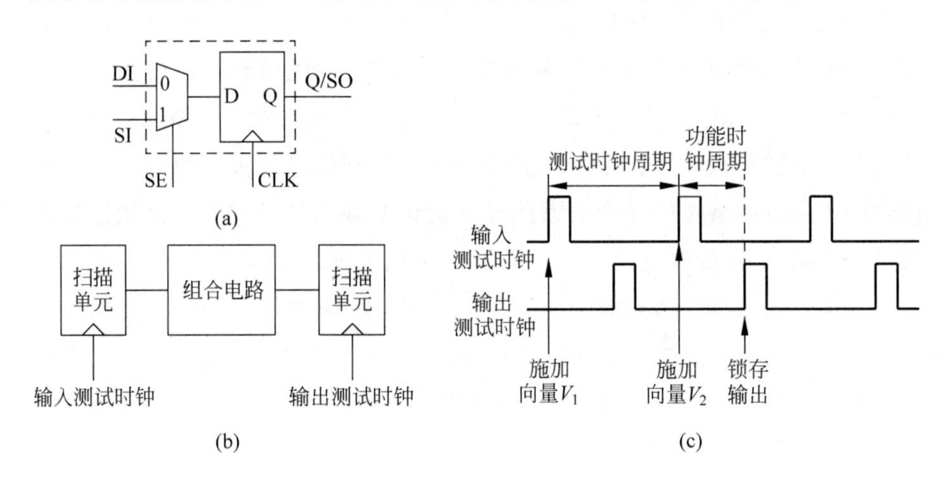

图 2.15 时延测试[57]

(a) 扫描单元；(b) 时延测试示意图；(c) 时延测试波形图

随着集成电路制造工艺进入到纳米尺度，小时延缺陷（small delay defect，SDD）逐渐成为影响芯片定时约束的主要因素[58,59]。小时延缺陷是指芯片中的一些物理缺陷，如阻抗桥接等，或工艺偏差原因导致电路中某些节点上存在较小的时延增加量。单独某个节点上较小的时延增加量可能不会影响到整个芯片的时延。但是，当某条较长的通路上有多个节点存在小时延缺陷的话，这些较小的时延增加量累积起来却可能造成这条通路的时延超过额定的工作时钟周期，造成芯片出现功能失效。因此，检测芯片中存在的小时延缺陷已成为近些年来学术界和工业界共同关注的热点问题。

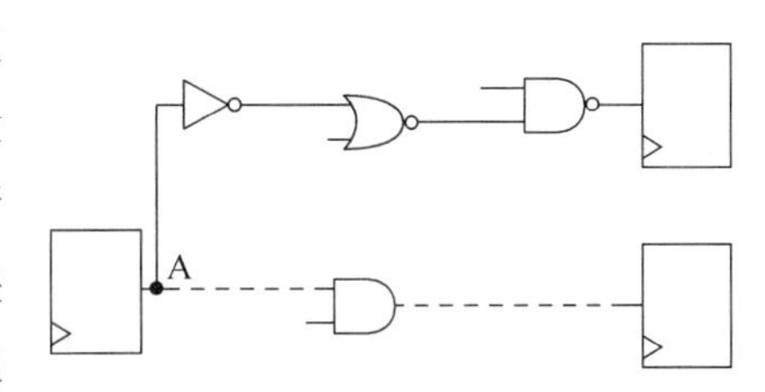

图 2.16　实速时延测试无法有效地检测小时延缺陷

传统的基于跳变故障模型的实速(at-speed)时延测试方法无法有效地检测芯片中的小时延缺陷。如图 2.16 所示，假定节点 A 处存在一个小时延缺陷。传统的基于跳变故障模型的实速时延测试算法通常会敏化(sensitize)电路中的短通路，即图中虚线所标示的通路。然而，由于短通路具有较大的定时余量，因此对短通路进行测试很难发现小时延缺陷的存在，造成故障覆盖率较低。由图 2.16 可以看出，如果在测试中能够敏化 A 点所在的长通路，即图中实线所标示的通路，则会大大提高检测到小时延缺陷的可能性。

因此，为了更加有效地检测芯片中的小时延缺陷，需要减小被测通路，尤其是短通路的定时余量。超速时延测试即针对这种目的的一种时延测试方法。它通过对被测电路施加比功能时钟频率更高的测试时钟来减小电路中通路的定时余量。这样，虽然被测通路仍然是短通路，但由于在较高的测试时钟下短通路的定时余量减小了，因此提高了检测小时延缺陷的能力。

超速时延测试面对的一个重要问题是需要全局扫描使能信号(global scan enable signal，GSEN)能够快速翻转。如图 2.17(a)所示，当超速时延测试采用 LOS 工作模式时，扫描使能信号 SE 在移位操作的最后一个周期(cycle)仍然要保持为高电平，而在捕获操作开始的第一个周期前就要快速地翻转为低电平。由于捕获电路的响应是在功能时钟频率下进行的，因此 SE

信号的及时翻转是保证能够正确捕获电路响应的关键。与 LOS 工作模式不同，当采用 LOC 工作模式时（图 2.17(b)），因为激励操作同移位操作相互独立，可以在移位操作的最后一个周期使用额外的时钟信号来加载激励信号，所以 LOC 工作模式对于 SE 信号的定时(timing)要求较为宽松。

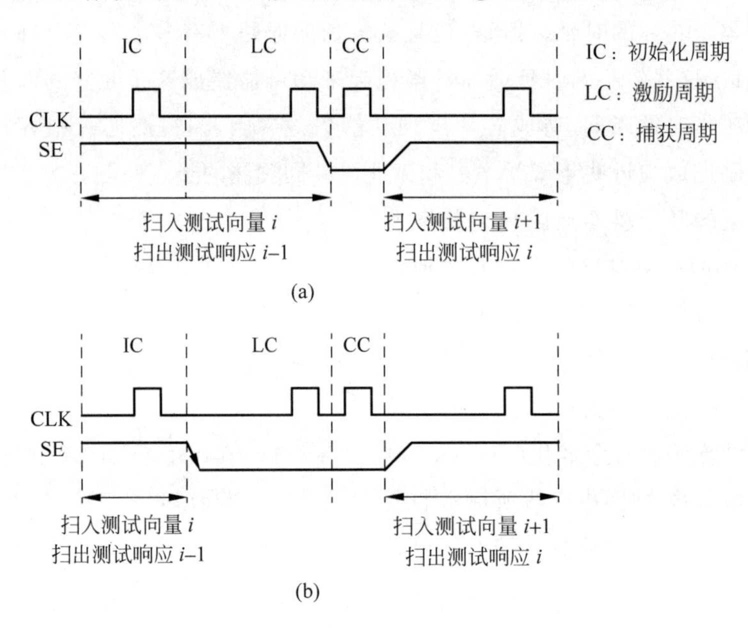

图 2.17　LOS 模式和 LOC 模式工作波形示意图[60]

(a) LOS 模式；(b) LOC 模式

为了实现扫描使能信号的快速翻转同时减小硬件开销，文献[61]提出了一个最后跳变生成电路(last transition generation, LTG)。如图 2.18 所示，LTG 电路可以被嵌入到扫描链中用以提供一个快速的局部扫描使能信号(local scan enable signal, LSEN)，而 LTG 电路本身不同被测电路直接相连。

图 2.19 给出了 LTG 电路工作波形的示意图。由图 2.19(a)可以看出，当采用 LOS 工作模式时，LTG 电路中的 D 触发器在 IC 周期锁存信号“1”，而在接下来的 LC 周期中锁存信号“0”。因此，由外部自动测试仪(automatic test equipment, ATE)提供的全局扫描使能信号可以在 IC 周期被异步的翻转为低电平；LSEN 信号则会在整个移位操作中保持为高电平而在 LC 周期后快速翻转为低电平。由于 LTG 电路可以提供快速的局部扫描使能信号，

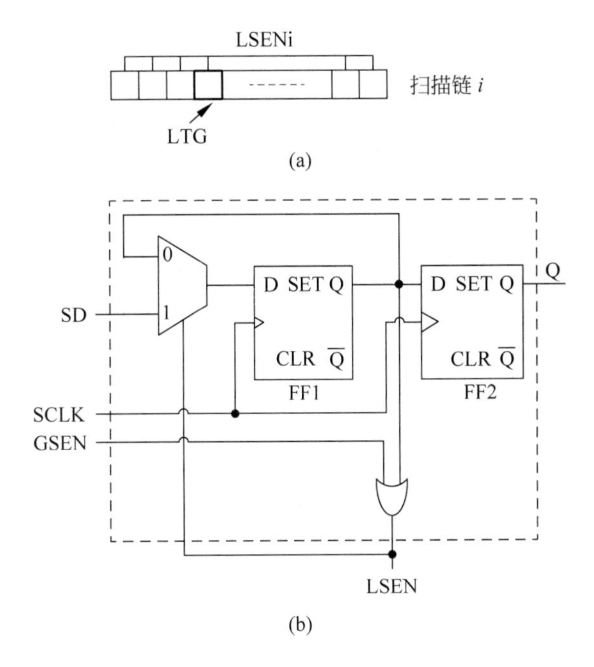

图 2.18　LTG 电路结构示意图[61]

因而可以放宽对全局扫描使能信号苛刻的定时要求。同理，对于 LOC 工作模式(图 2.19(b))，LTG 电路可以在 IC 周期异步翻转 LSEN 信号，以保证正确地捕获电路的响应。

2. 超速时延测试研究现状

在实现超速时延测试方面，由于通过自动测试仪提供较高的测试时钟频率会导致测试成本过于昂贵[62]，超速时延测试所需要的高频测试时钟经常通过设计片上可测试性电路(design-for-test, DFT)来实现。文献[63]提出采用片上的时钟信号断路器(chopper)和门控逻辑(gating logic)来提供快速的测试时钟信号，其代价是需要增加额外的芯片引脚。图 2.20 给出了片上时钟信号断路器和门控逻辑的结构示意图。如图所示，时钟信号断路器及门控逻辑采用低速测试仪提供的主时钟(MAIN_CLK)和模拟时钟(DUMMY_CLK)作为输入信号。这两个慢速的时钟信号经过断路器的调整并通过“或”运算后可以为超速时延测试提供高频激励和捕获时钟信号。

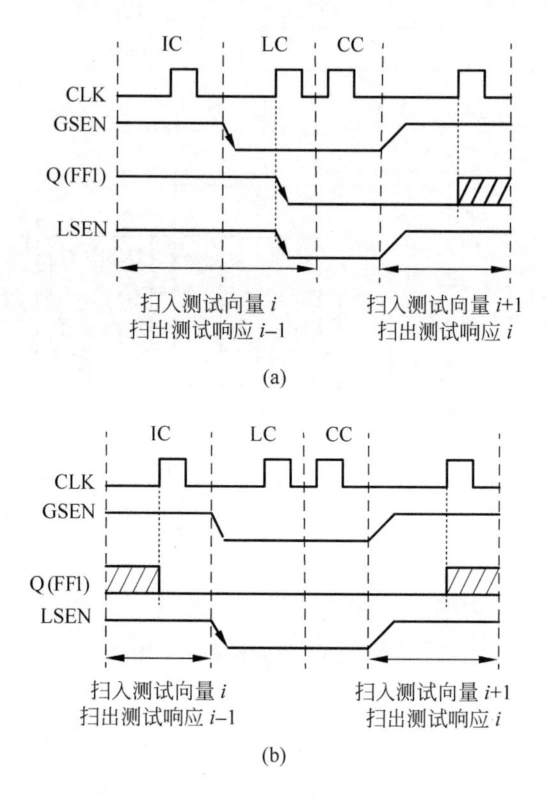

图 2.19　LTG 电路工作波形示意图[61]

(a) LOS 模式；(b) LOC 模式

文献[64]则提出一个片上可编程的捕获时钟生成电路用以为超速时延测试提供测试时钟。图 2.21 给出了该电路的结构示意图及工作波形示意图。通过调整触发器链锁存的控制向量，可以使得测试触发器(test trigger，TT)处的跳变信号通过粗粒度和细粒度两级时延模块来控制捕获信号 CAPTURE 和测试触发信号 TT 之间的时延值，即通过改变激励时钟和捕获时钟之间的时延差来调整测试时钟的频率。基于这个片内可编程捕获信号生成电路，文献[64]实现了用于激励后加载、移位后加载和增强型扫描时延测试三种不同的测试方法的硬件结构。

除了上面介绍的工作外，文献[65]则提出采用两条对称的延时线(delay line)来提供片上的快速测试时钟信号，测试时钟信号的工作周期由两条延时线的时延差来决定。文献[65]提出一个时钟控制电路，借助锁相环(phase-

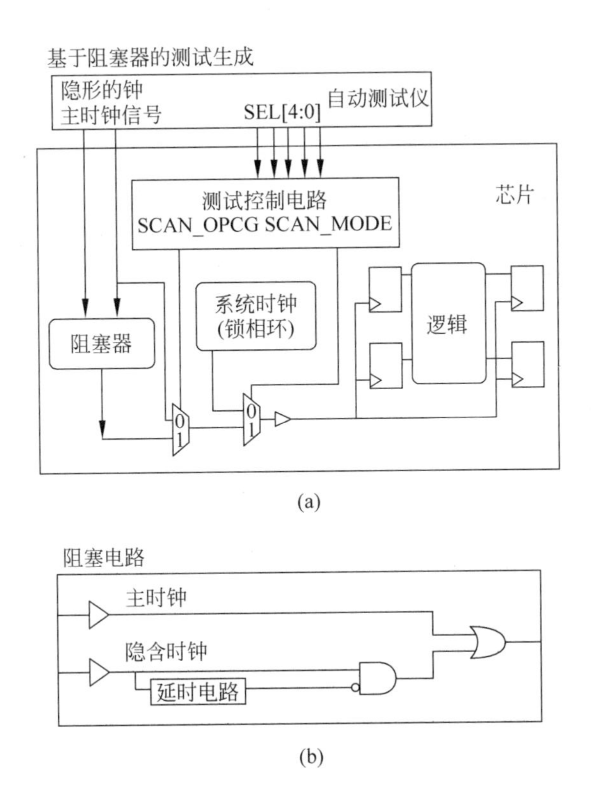

图 2.20　片上时钟信号断路器和门控逻辑结构示意图[66]

(a) 片上时钟信号继路器；(b) 门控逻辑

locked loop，PLL)产生的时钟信号来执行超速时延测试。然而，由于每施加一个测试向量后，PLL 都需要重新复位，因此不适合实际的测试操作。

以上介绍的这些电路设计由于没有考虑老化的影响，因此不适合被复用到在线的操作中。另外，这些电路产生的时钟信号会在工艺偏差的影响下出现偏斜，从而影响超速时延测试的效果。

2.2.3　基于测量漏电变化原理的在线老化预测方法

除了上面介绍的基于传统的时延监测原理的在线老化预测方法外，文献[67]和[68]提出通过测量全芯片的静态漏电变化来预测随机逻辑或 SRAM 由于 NBTI 效应导致的老化。其理由是 NBTI 效应会导致 PMOS 晶体管的

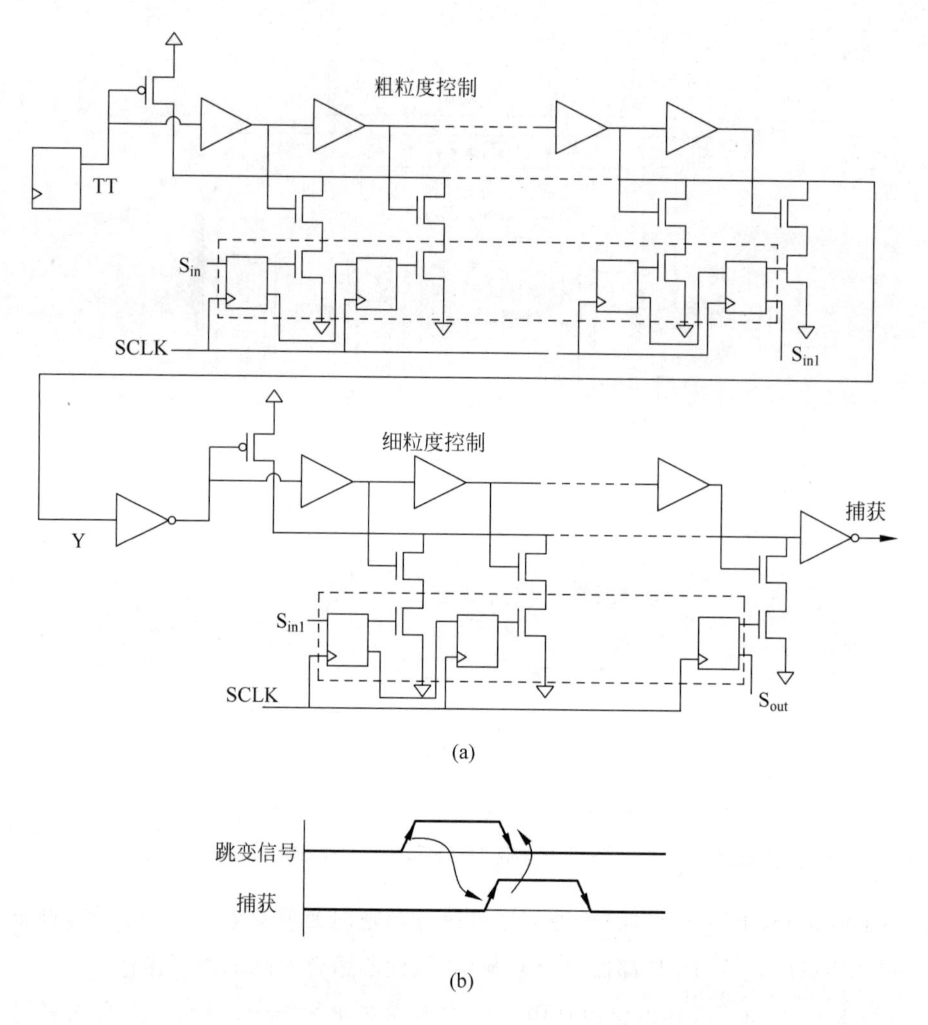

图 2.21　可编程捕获时钟生成电路[64]

(a) 结构示意图；(b) 工作波形示意图

阈值电压不断增加。与此同时，门的静态漏电，主要是亚阈值漏电(subthreshold leakage)却随着阈值电压的增加而不断减小。因此，门的静态漏电变化可以用来表征电路由于 NBTI 效应导致的老化。虽然他们的工作开辟了电路老化预测研究的新思路，但是，正如本书后面要介绍的，全芯片漏电变化并不能准确地反映出电路时延由于老化造成的变化，因此无法确保老化预测的精度。

2.3　相关的优化方法

为了保证电路在 NBTI 效应影响下的服役期可靠性，研究人员提出了许多优化方法。从适用范围来看，可以分为电路级和体系结构级（architecture-level）两类方法。

2.3.1　电路级优化

文献[24]将技术库中标准单元的传播时延表示为占空比的函数，在将技术库映射（mapping）到电路网表后，通过静态时序分析估计电路由于 NBTI 效应导致的时延增加量。随后，采用门设计尺寸缩放方法来优化电路的时延。其具体做法是：首先挑选电路中的一个门，增加这个门内 PMOS 和 NMOS 晶体管的设计宽度，然后再次做静态时序分析获得本次优化后电路的时延。如果电路的时延仍然没有满足指定值，则取下一个门并增加门内 PMOS 和 NMOS 晶体管的设计宽度。这个过程会迭代的进行，直到电路的时延小于指定的阈值才会结束。

与文献[24]提出的方法类似，文献[69]对技术库中的标准单元类型进行扩充并将标准单元的传播时延表示为占空比的函数。随后，在电路时延必须小于指定阈值的前提下对技术库进行映射。由于假定电路执行功能操作时内部节点的占空比为 0.5，他们的方法很难保证电路在经历最差工作条件（worst case）时的可靠性。

文献[17]提出采用最小漏电向量（minimum leakage vector，MLV）来抑制电路处于待机模式时由于 NBTI 效应导致的老化。他们对识别 MLV 的算法进行修改，将算法收敛的目标更换为挑选出能够导致电路最小老化的控制向量。文献[70]提出采用单向量施加方法，同时优化电路的静态漏电和 NBTI 导致的老化。他们在挑选向量的算法中将漏电优化和老化优化的权重因子都设为 0.5，试图在同时优化二者的过程中取得最佳的平衡。图 2.22 给出了挑选向量算法的示意图。如图所示，针对电路的网表，向量生成器（input vector generator）在每次迭代过程中随机生成一个控制向量。在将这个向量施加到电路后，通过一个 NBTI 效应和静态漏电协同模拟器（co-simulator）来计算电路由于 NBTI 效应导致的时延增加量及漏电情况。最后经过比较电路时延和漏电值挑选出最优的控制向量。

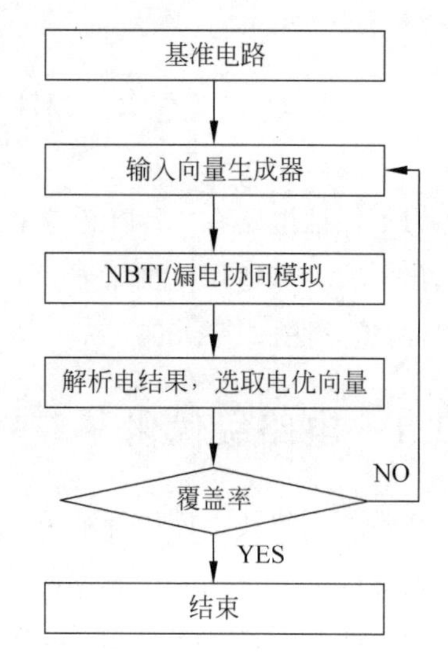

图 2.22　最优向量选择方法示意图[70]

由于单个向量对大规模电路内部节点信号的控制能力较弱，并且静态漏电和 NBTI 效应导致的时延增加对于同一个向量具有相反的依赖性，因此文献[17]和文献[70]的优化效果不明显。

文献[71]提出采用门替换(gate replacing)方法，同时优化电路的静态漏电和 NBTI 导致的老化。该方法首先对电路由于 NBTI 效应导致的老化和漏电进行协同模拟(co-simulation)，随后提出两个运算复杂度分别为$O(n_2)$和 $O(n)$的门替换算法，在满足电路时延小于指定阈值的前提下对电路中的一些门进行替换。虽然他们的方法在协同优化 NBTI 导致的电路老化和漏电上取得了较好的效果，却引入了较大的面积开销(13.26%)。

文献[72]提出在高层次综合时通过使用多阈值电压器件来最小化电路的静态漏电，同时满足指定的芯片服役期可靠性要求。然而，在实际芯片中使用多阈值电压器件会大大增加制造复杂度和成本。另外，文献[72]提出的方法主要用于高层次综合，并且是在适当放宽电路老化优化的前提下侧重于电路静态漏电的优化。

文献[73]提出内部控制点插入(internal node insertion)方法抑制 NBTI 效应导致的电路老化。然而，控制点的插入会导致门的传播时延增加，电路的面积开销增大。因此，控制点插入位置的可选择空间较小。

文献[74]提出联合使用逻辑重构和门的引脚重排序方法，在保证电路所实现的逻辑功能不变的前提下，通过将电路中某些门的扇入锥(fan-in cone)互换来减小电路中关键通路上的门所经受的 NBTI 效应的时间。然而，他们的方法强烈依赖于假定的占空比，因而同电路的实际操作情况存在差异。

文献[75]提出采用自适应的体偏压(body biasing)方法来补偿由于

NBTI效应导致的电路时延增加。由于他们的优化结果只基于对环形振荡器进行的实验，因此无法评价这种方法对大规模随机逻辑的有效性。

2.3.2　体系结构级优化

另一方面，有些研究工作提出在体系结构级来应对NBTI效应导致的系统功能失效问题。这些研究工作有的通过系统内置的监测设备实时地监测老化造成的系统性能下降，然后采用动态电压和频率调节(dynamic voltage and frequency scaling, DVFS)方法来保证系统的正常操作[76,77]；有的则通过在体系结构级进行任务分配的控制和调度来容忍或补偿NBTI效应造成的系统性能下降[78,79]；还有的借助于多核(multi-core)或众核(many-core)平台来容忍NBTI效应导致的老化[80-82]。不同于电路级，在体系结构级很难建立有效的NBTI效应模型，因此，如何精确地衡量NBTI效应导致的系统性能下降以达到最佳的性能-可靠性折中是体系结构级方法所面临的主要挑战。

第3章 面向工作负载的电路老化分析和预测

一般来说，设计者会在集成电路的设计阶段保留一定的定时余量以容忍电路在其服役期内由于老化效应（如 NBTI 效应）所增加的时延。定时余量的大小通常是根据假定的电路在其服役期内经历最差工作条件而导致的老化来决定的。然而，由于大多数的芯片在其服役期内很少经历最差的工作条件，在设计阶段所做出的这种基于最差情况的电路老化预测是比较保守和悲观的，会导致保留的定时余量过大，从而减小了可以提供的电路最大操作频率。

实际上，NBTI 效应导致的电路老化强烈地依赖于一些环境因素和工作条件，比如芯片的工作温度、供电电压，特别是芯片执行功能操作时的工作负载。因此，在确定所要保留的定时余量时，应充分考虑电路的实际工作情况及不同的环境、工作条件对于电路老化效应的影响，以便使定时余量的设定更为实际和合理，避免过于保守的设计（over-design）。

本章基于 NBTI 效应的物理模型，提出了一个面向工作负载的电路老化分析和预测方法。不同于以往的老化分析和预测方法采用假定工作负载的做法，本章提出的方法通过求解关键门输入节点上的最差占空比集合来预测电路在实际操作中由于工作负载而导致的老化上限。所得的预测结果可以用来指导设计阶段所作出的保留定时余量的决策以及应对电路老化的可靠性设计工作。

3.1 老化分析和预测方法概述

本章提出的电路老化分析和预测方法如图 3.1 所示。首先，结合 NBTI 效应的物理模型，在假定极端工作条件的前提下采用 MDS 分析方法获得电路老化较为保守的预测上限值。随后考虑 NBTI 效应对于上、下跳变信号的不同影响，分析方法识别出电路中所有潜在的由于老化效应而导致其时延增加量会超过指定定时约束的关键通路。由于静态时序分析没有考虑所识别的通路是否可敏化，因此会造成潜在关键通路集合内有些通路实际上在功能状态下是不可达的，从而影响电路老化预测的准确性。所以，在获得潜在关键通路集合后对其进行精简，使用基于通路的自动测试向量生成方法将不可敏化的通路剔除出去。由于电路中的通路在老化效应下的时延增加量实际上是由这条通路上的逻辑门在老化效应下的时延增加量所决定的。所以，在潜在关键通路集合精简后，分析方法识别出集合内所有关键通路上的关键门。基于这些关键门，分析方法求解关键门输入节点上可以导致电路最大老化的最差占空比集合。最后，根据此最差占空比集合来预测电路在其服役期内经历实际工作负载的最大老化。

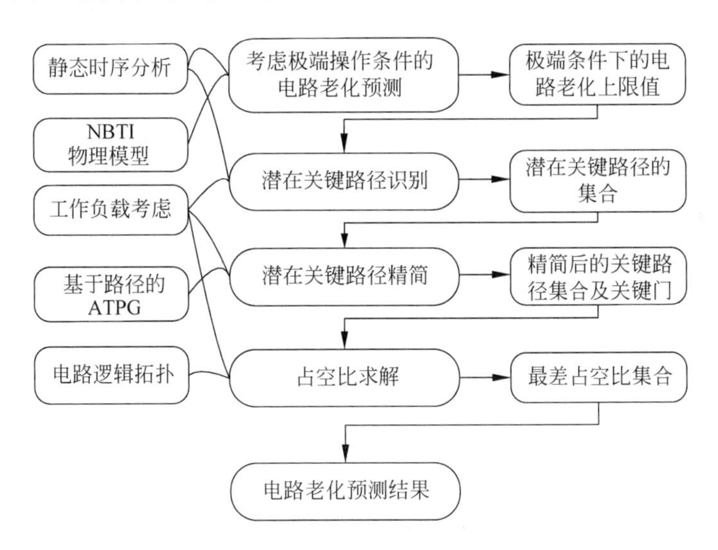

图 3.1 电路老化分析和预测方法示意图

3.2 关键通路和关键门的识别

这里首先对关键通路进行定义：电路中的一条通路如果在一定的操作时间后（如 5 年或 10 年）由于 NBTI 效应导致的时延增加量大于自身的定

时余量，则称这条通路为关键通路。从以上的定义可知，只有关键通路的时延变化才会影响到电路的时延变化。因此，分析、预测及优化 NBTI 效应导致的电路老化时只需要针对关键通路来进行。反之，如果一条通路在经历了一段操作时间后其定时余量仍然大于由于老化导致的时延增加量，那么这条通路的时延变化不会对电路的时延产生影响，因而可以在老化分析中忽略掉。

由于 NBTI 效应只是作用于 PMOS 晶体管，因此通常在电路老化的时序分析中只计算门的传播时延而忽略互连线的时延。文献[14]和文献[17]对长期的 NBTI 效应模型进行了化简，并根据 α 定律[83]将 NBTI 效应导致的门传播时延增加量表示为

$$\Delta T_{p(i)} = c_i \cdot \alpha_i^n \cdot t^n \tag{3.1}$$

式中：$\Delta T_{p(i)}$ 表示在 NBTI 效应下，门输入节点 i 到门的输出节点之间传播时延的增加量；c_i 是一个拟合的常数，表示与输入节点 i 相连接的 PMOS 晶体管的阈值电压与门传播时延之间的一阶线性关系；α_i 称为节点 i 的占空比。前面提到过，在 NBTI 研究领域，占空比表示 PMOS 晶体管处于负偏置的时间占整个电路操作时间的比例。从统计观点来看，占空比可以看作是整个操作时间内电路节点上的统计信号概率(信号为零的概率)[17]。t 表示电路的操作时间。当扩散种子为氢分子时，n 取 0.16。因此，忽略互连线的时延，一条关键通路在 NBTI 效应下的时延增加量可以近似看成是这条通路上所有关键门时延增加量的总和。

3.2.1 潜在关键通路识别

预测电路在一段操作时间内的最大老化实际上就是，预测电路在这段操作时间结束时最长通路的时延。然而，一个有趣的现象是：在工作负载的影响下，电路中的通路有着不同的老化速度。某些在芯片制造后本来不是最长的通路经过一段操作时间(比如 5 年或 10 年)后有可能成为电路中的最长通路。因此，为了准确地预测电路在一段操作时间内的老化，电路中所有可能在老化效应的影响下会在这段操作时间结束时成为最长通路的通路都应该被识别出来。本文称这些通路为潜在关键通路。

为了识别出电路中所有的潜在关键通路，时序分析过程需要考虑最差的

工作条件。这种基于最差工作条件的做法可以确保得到电路老化的上限值，从而保证所识别的潜在关键通路的完整性。本文采用文献[32]提出的MDS老化分析方法来获得指定操作时间内电路由于NBTI效应导致的老化上限值。在MDS方法中，电路中所有的门输入节点上的占空比统一设为0.95，然后根据这种占空比的设置，采用式(3.1)来计算技术库中门的传播时延。在将技术库映射到电路网表之后，通过静态时序分析获得电路在老化效应下的最长通路的时延值。将这个时延值减去电路在不考虑老化效应时的额定时延值，即可得到电路老化的上限值。

假定电路中的所有通路均有可能在最差工作条件下达到这个老化上限值，因此，所有时延值满足式(3.2)的通路都被识别为潜在关键通路：

$$D_{p(i)} \times (1 + R_{max}) \geqslant T_c \tag{3.2}$$

式中：$D_{p(i)}$表示在不考虑电路老化的情况下，使用静态时序分析获得的第i条通路的额定时延值；R_{max}表示采用MDS方法得到的电路时延值在老化效应下增加的百分比；T_c表示设定的定时约束，例如，定时约束可以设置为额定情况下电路中最长通路时延值的110%。

采用MDS方法和式(3.2)识别潜在关键通路的做法较为保守，原因有以下几点：①在NBTI效应影响下，门传播时延的增加量会因为门输入节点上的信号是上跳变(rising transition)还是下跳变(falling transition)而不同，从而导致通路在NBTI效应影响下的时延增加量也不是唯一值；②没有考虑所识别的潜在关键通路是否可敏化；③获得电路老化上限值的方法过于保守和悲观。在电路的实际操作中，其内部节点的占空比取值实际上是由门所实现的逻辑功能和电路的逻辑拓扑所决定的，不可能出现所有节点的占空比全部为0.95的情况。因此，接下来，本文将根据原因①和②对潜在关键通路进行精简，而在3.3节里通过避免出现原因③来求得电路执行实际工作负载时的老化值。

3.2.2 潜在关键通路的精简

NBTI效应会逐渐升高PMOS晶体管的阈值电压但不会影响NMOS晶体管。PMOS晶体管阈值电压的升高会增加其导通时间。因此，如果一个下跳变信号施加到门的输入节点上，门输出节点上相应的上跳变信号(仅对互补金属氧化物半导体(CMOS)工艺而言)会因为 PMOS 晶体管阈值电压的升高而变慢。相反,当一个上跳变信号施加到门的输入节点上,门输出节点上相应的下跳变信号不会受到任何影响,这是因为 NMOS 晶体管的阈值电压不受 NBTI 效应的影响。图 3.2 给出了对一个反相器所做的 HSPICE 仿真实验结果。仿真实验使用 HSPICE 的 MOSRA(MOSFET model reliability analysis)方法来模拟反相器在经历 5 年服役期操作后由于 NBTI 效应导致的阈值电压变化。如图 3.2 所示,当一个下跳变信号施加到反相器的输入端时,反相器输出端的上跳变信号相比较于没有老化的情况变慢了；反之,当一个上跳变信号施加到反相器的输入端时,反相器输出端的下跳变信号不受任何影响。

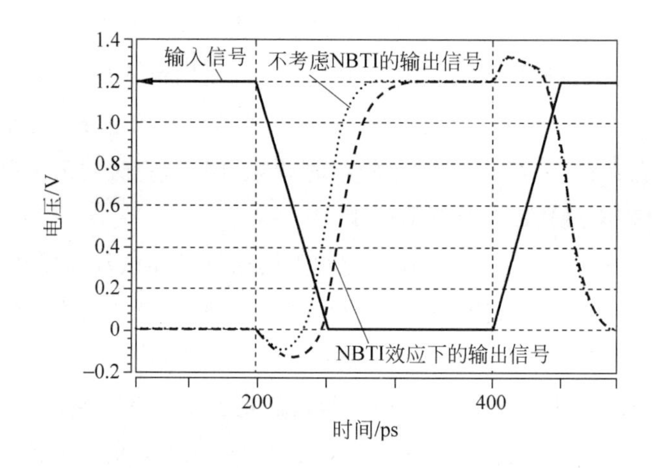

图 3.2　NBTI 效应对于上、下跳变信号的影响

因此,通路在 NBTI 效应下的时延增加量实际上并不等于此通路上所有的门由于 NBTI 效应而导致的时延增加量之总和。只有当一个门的输出信号是上跳变信号(即输入为下跳变信号)时,它的时延增加量才应被算作一部分通路时延的增加量。也就是说,一条通路在 NBTI 效应下的时延增加量相对于其原始输入端(primary input)上的上、下跳变信号是不同的。举例来说,如图 3.3 所示,通路 A 由三个反相器组成。假定三个反相器经历了相同时间的 NBTI 效应并因此导致它们的阈值电压被升高。当一个下跳变信号施加到通路 A 的原始输入端时(图 3.3(a)),反相器 1 和反相器 3 的输入端为下跳变信号,因此它们输出端的上跳变信号因为阈值电压被升高而变慢。而由于反相

器 2 的输入端为上跳变信号，所以其输出端的下跳变信号不受影响。所以，对于图 3.3(a)来说，即使反相器 2 的阈值电压同样因为 NBTI 效应被升高了，通路 A 在 NBTI 效应下的时延增加量实际上也只是反相器 1 和反相器 3 由于 NBTI 效应而导致的时延增加量之和。同样，对于图 3.3(b)来说，当一个上跳变信号施加到通路 A 的原始输入端，通路 A 的时延增加量只等于反相器 2 由于 NBTI 效应而导致的时延增加量。

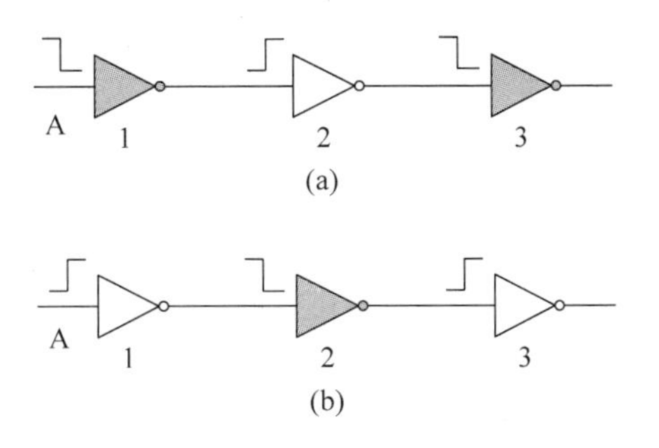

图 3.3　上、下跳变信号对于通路时延增加量计算的影响

(a) 路径原始输入端为下跳变；(b) 路径原始输入端为上跳变

基于以上的分析，可以得出如下结论：简单地认为一条通路在 NBTI 效应下的时延增加量是这条通路上所有的门由于 NBTI 效应导致的时延增加量之总和的做法过于保守和悲观。因此，通过重新计算通路在其原始输入端上施加上、下跳变信号的情况下的时延增加量，对识别出来的潜在关键通路进行进一步精简。如果在考虑上、下跳变信号的情况下通路的时延增加量均不满足式(3.2)，这条通路将从识别出的潜在关键通路中被剔除出去。同时，对所有的潜在关键通路采用基于通路的自动测试向量生成方法(path-based ATPG)来识别在实际电路操作中不可敏化的通路，这些不可敏化的通路也从潜在关键通路中被移除出去。经过精简后的潜在关键通路就被认为是最终的关键通路。

表 3.1 给出了在假定 5 年电路服役期的情况下对一些基准电路进行时序分析后获得的潜在关键通路的数目，以及精简后的通路数目的统计结果。由表 3.1 可以看出，通过考虑上、下跳变信号对于通路时延增加量的不同影响及通路是否可敏化，潜在关键通路中真正的关键通路数目大为减少。

表 3.1　关键通路统计结果

电　　路	精简前数目	精简后数目	精简百分比/%
c880	80	18	77.5
c1908	693	27	96.1
c2670	1741	209	88
c3540	1621	273	83.1
c5315	1244	598	51.9
c7552	3753	899	76
s298	3	2	33.3
s820	2	2	0
s1196	25	8	68
s1238	15	8	46.6
s9234	2280	322	85.8

3.2.3　关键门的识别

这里对于关键门的定义为：如果一个门的时延增加量被算作其所在关键通路时延增加量的一部分，这个门就称为关键门。例如，对于图 3.3(a)，由于在原始输入端输入信号为下跳变信号的情况下，只有反相器 1 和反相器 3 的时延增加量被计入通路 A 的时延增加量之内，所以反相器 1 和反相器 3 是关键门。而对于图 3.3(b)，明显的只有反相器 2 是关键门。因此，当一条通路在其原始输入端信号为上、下跳变信号时都是关键通路，那么，这条通路上所有的门都被识别为关键门。如果一条通路只在其原始输入端信号为上跳变信号或者下跳变信号时是关键通路，那么这条通路上输出信号为上跳变信号的门就被识别为关键门。

3.3　占空比的求解

电路由于 NBTI 效应导致的老化强烈依赖于执行的工作负载。正是工作负载决定着电路中的门在整个操作期间所经受的 NBTI 效应的时间，也即工作负载决定了整个操作期间电路中门输入节点上的占空比。由此也可以很自然地想到，占空比是一个反映电路在执行实际工作负载时由于 NBTI 效应导致的老化的绝佳参数。

电路在执行功能操作时处于活动模式。电路处于活动模式时，其内部节点的输入信号会因为工作负载而在低电平和高电平之间不断地变化。因此，电路处于活动模式时内部的门会经受动态 NBTI 效应。而现今许多低功耗技术为了降低动态功耗，都会在电路不需执行有用的功能操作时阻塞功能时钟(clock gating)，强迫电路进入待机模式。因此，电路处于待机模式时其内部节点的输入信号会保持不变。在这种情况下，电路中的一部分门由于其输入信号始终为低电平而经受静态 NBTI 效应。需要注意的是，虽然电路内部节点的输入信号在每个单独的待机模式时段里保持不变，但在不同的待机模式时段里却是不一样的。每个待机模式时段里电路内部节点的输入信号其实是由前一次活动模式时段结束时节点的输入信号来决定的。因此，就整个操作时间来说，仍然可以看作电路是在经受一个动态 NBTI 效应的过程。

由以上的分析可以得出一个结论：由于电路在整个功能操作时间内因为执行工作负载而经受动态 NBTI 效应，而节点的占空比是决定动态 NBTI 效应所导致的电路老化的一个最重要的参数，它反映了节点处于偏置时间和恢复时间的比例。所以理论上，电路中门的输入节点上分别存在一组占空比能够反映出电路在执行工作负载时由于 NBTI 效应导致的老化的上、下限。另外需要说明的是，在求解能够导致电路最小或最大老化的占空比时，只需要考虑关键门的输入节点，这是因为只有关键通路的时延变化才会对电路的时延产生影响。

一个可能被质疑的问题是：虽然理论上存在的最差占空比集合能够反映出电路执行工作负载时由于 NBTI 效应导致的最大老化。但是，这种工作负载可能在电路的实际操作中不会出现，因此使得老化预测的结果仍然可能大于实际情况。笔者认为，同预测电路最大功耗的方法类似，电路老化的预测也需要获取老化的上限值，从而使得老化预测的结果能够覆盖电路在最差工作条件下的老化情况。因此，即使最差占空比所代表的工作负载可能在电路的实际操作中极少出现，但据此预测的电路老化结果却能够保证覆盖电路所有可能的工作条件。另一方面，通过最差占空比集合表示电路执行工作负载的最大老化又可以避免对电路老化过于悲观的假设，更接近于电路在实际工作条件下的老化情况。

本文采用非线性规划(non-linear programming),来求解电路中关键门输入节点上可以导致电路最小或最大老化的最佳或最差占空比集合。求解过程可以表示如下。

图 3.4 中,D_C 表示优化目标,即电路的信号最大到达时间(arrival time)。很明显,当求解最佳占空比集合时需要最小化这个目标;而求解最差占空比集合时需要最大化这个目标。求解过程需要遵循两个约束条件:时延约束和占空比取值约束。时延约束用来保证求解过程中门输入节点的信号到达时间与门的传播时延之和小于等于输出节点信号的到达时间。而占空比取值约束反映了门所实现的逻辑功能和电路的逻辑拓扑对于节点占空比取值的限制。需要注意的是,传统的非线性规划往往是求解能够满足优化目标取最小值的变量值。因此,为了求解能够满足优化目标取最大值的变量值,需要将优化目标设定为负值。

最小或最大D_C
约本条件为
(1) 时延约束;
(2) 占空比取值约束

图 3.4 占空比求解

3.3.1 时延约束

只有关键通路时延的变化才会影响电路的时延,所以时延约束只需针对关键通路来设定。假定已经识别出的关键通路集合中包含 m 条通路,而指定的电路定时约束为 D_{TC},则时延约束可以表示为

$$D_{p(j)} \leqslant D_{\mathrm{TC}} \text{ 求解最佳占空比}$$

或

$$D_{p(j)} \geqslant D_{\mathrm{TC}} \text{ 求解最差占空比}$$

其中,$D_{p(j)}$ 表示第 j 条关键通路的信号最大到达时间,$0<j\leqslant m$。

在一个大规模电路中可能存在成千上万条关键通路,这会导致时延约束过于庞大和复杂。因此,为了减小非线性规划的运算复杂度,上面的基于关键通路的时延约束被进一步地转化为基于关键门的时延约束。基于关键门的时延约束可以表示如下:

$$A_j \leqslant D_{\mathrm{TC}} \text{ 或 } A_j \geqslant D_{\mathrm{TC}} \quad j \in \text{门的输出节点集合}$$

$$A_i + D_i \leqslant A_j \qquad i \in \text{门的输入节点集合}$$

$$D_i \leqslant A_j$$

在这里，A_j 表示门输出节点 j 的信号到达时间；A_i 表示门输入节点 i 的信号到达时间；D_i 表示在考虑 NBTI 效应的情况下门由输入节点 i 到其输出节点的传播时延。

3.3.2 占空比取值约束

电路中节点的占空比取值是被节点所属的门实现的逻辑功能和电路的逻辑拓扑所限定的。门输出节点的占空比实际上是由门所有输入节点上的占空比共同决定的。就统计观点来看，经过一段操作时间后，节点上的占空比实际可以看成是这段操作时间内的统计信号概率(信号为低电平的概率)。例如，假定经过一段操作时间 t 以后，一个门某个输入节点上的统计信号概率为 0.5，则可以认为门内部与这个输入节点相连接的 PMOS 晶体管在这段操作时间里处于负偏置的时间为 $0.5t$。由于占空比的定义为 PMOS 晶体管处于负偏置的时间占整个电路操作时间的比例，因此，就这个例子来说，门输入节点的占空比同样是 0.5($0.5t \div t$)。

因为占空比可以等同于统计信号概率，所以在假定电路输入信号独立的情况下，电路中门的输入节点上占空比的计算及占空比计算在整个电路的传播过程可以按照文献[84]所提出的统计信号概率的计算和传播方法来实现。根据门输入节点的占空比，表 3.2 列出了反相器及一些 2 输入的基本门(primitive gate)输出节点上占空比的计算公式。

表 3.2　基本门输出节点上占空比的计算公式

基　本　门	输入节点占空比	输出节点占空比
反相器	α	$1-\alpha$
2 输入与非门	α_a, α_b	$(1-\alpha_a)\cdot(1-\alpha_b)$
2 输入或非门	α_a, α_b	$1-\alpha_a \cdot \alpha_b$

输入端数目大于 2 的其他基本门输出节点上占空比的计算公式可以按同样的方法进行推导。这些简单的、针对单独一个门的占空比约束公式可以被拓展为整个电路的占空比约束。需要注意的是，电路的占空比约束同样只需要考虑关键门，这是由于非关键门的时延增加量不会影响到关键通路的时延

增加量。为了建立所有关键门的占空比约束，首先从连接到电路原始输入上的关键门开始，并按照门所在的逻辑层次从电路的输入端将占空比约束向电路的输出端进行计算和传播。

根据得到的时延约束和占空比取值约束，非线性规划过程可以求解出会导致电路在 NBTI 效应下出现最小或最大老化的最佳或最差占空比集合。在求解占空比集合时，本文将电路中节点的信号到达时间表示为占空比的函数（式(3.1)），即将节点上的占空比（关键门的输入输出节点）看成是自变量。因此，根据电路中门的逻辑类型及电路的逻辑拓扑，电路的信号最大到达时间最终可以表示为这些占空比的函数，并作为优化目标。而这些占空比在求解过程中的取值受时延约束及占空比取值约束的限制。当非线性规划收敛后即可得到相应的占空比集合。

3.4 实验及结果分析

实验电路从 ISCAS 基准电路中选取。使用 SYNOPSYS 设计编译器来综合电路的网表。在网表综合过程中只使用反相器、2—4 输入的与非门和或非门。基准电路中的时序电路被转换为组合电路。原来电路网表中触发器的输入和输出端设为组合电路中的原始输出和原始输入。所有的实验均在 Intel Xeon 8 核 Linux 服务器上进行，单核工作频率为 2.33 GHz，内存为 16 GB。

电路网表综合过程中所使用的基本门的额定传播时延通过 HSPICE 仿真获得。需要注意根据输入节点上信号的跳变类型（上跳变还是下跳变），门的传播时延也有两组值。为了拟合式(3.1)中的参数，在 HSPICE 仿真中使用其 MOSRA 方法模拟 NBTI 效应，以获得在不同占空比（0 到 1，步长 0.1）、不同操作时间（1 年到 10 年，步长 1）及不同工作温度（300 K 到 400 K，步长20 K）下门的时延增加量（式(3.1)中的 $\Delta T_{p(i)}$）。最后由 $\Delta T'_{p(i)}s$ 拟合得到 c_i。实验过程中所有的 HSPICE 仿真均使用 PTM 65 nm 晶体管模型[85]。

正如前面提到的，只有关键通路的时延变化才会影响电路的时延。在实验中使用由 C++ 语言编写的静态时序分析程序对实验电路作时序分析，并识别出相应于5年和10年电路服役期的潜在关键通路集合及关键门。在识别潜在关键通路时，考虑通路原始输入信号分别为上跳变和下跳变信号的情况，并使用式(3.2)来判别满足条件的潜在关键通路。为了从潜在关键通路集合中剔除不可敏化的通路，使用SYNOPSYS TetraMax提供的基于通路的自动测试向量生成功能对潜在关键通路集合中的所有通路做测试生成。在测试生成过程中所报出的不可敏化的通路随即从潜在关键通路集合中剔除出去。精简后的潜在关键通路就被认为是最终的关键通路。随后，按照3.2.3节描述的方法识别出关键门。表3.3列出了相应于5年和10年服役期的关键通路和关键门的统计数据。

表3.3中关键通路数目(NC)列给出了潜在关键通路集合精简后所包含的关键通路数目。逻辑门数目(NG)列给出了电路中所有门的数目。关键门数目(NCG)列给出了关键门的数目。%列给出了关键门占电路中所有门数目的比例。由表3.3可以看出，经过精简后的关键通路和关键门数目很少，这也减小了随后的非线性规划的运算复杂度。一个有趣的现象是虽然某些时序电路其规模大于组合电路，但关键通路和关键门的数目却比组合电路的要少。原因在于这些时序电路中存在着大量的连接着两个触发器的短通路，在假定这些触发器属于同一个时钟域(clock domain)的前提下，这些短通路就在识别关键通路的过程中被剔除掉了。另外需要注意的是由于NBTI模型中的时间因子n小于1(本文中取0.16)，所以电路时延在NBTI效应下增加的趋势表现为先急后缓。即服役期开始的1到2年时延增加量较大，随后趋于平缓。表3.3中相应于5年和10年服役期的关键通路和关键门的数目也印证了这一点。相应于10年服役期的关键通路和关键门的数目相比5年服役期只有很少的增加。

表3.3　关键通路和关键门的统计数据

电　路	5年				10年			
	NC	NG	NCG	%	NC	NG	NCG	%
c880	18	83	34	8.9	23	383	38	9.9
c1908	27	972	60	6.2	32	972	67	6.9
c2670	209	573	34	5.9	221	573	40	7.0
c3540	273	1706	126	7.4	301	1706	132	7.7

续表

电　路	5 年				10 年			
	NC	NG	NCG	%	NC	NG	NCG	%
c5315	598	2352	118	5.0	612	2352	128	5.4
c7552	899	3515	285	8.1	917	3515	310	8.8
s298	2	120	6	5.0	2	120	6	5.0
s820	2	290	7	2.4	3	290	9	3.1
s1196	8	530	45	8.5	11	530	52	9.8
s1238	8	509	35	6.9	13	509	46	9.0

非线性规划由 C++和 MATLAB 混合编程实现。C++实现的例程用来从电路网表中抽取时延约束和占空比取值约束并转化为可被 MATLAB 识别的格式。MATLAB 编写的脚本结合顺序二次规划(sequential quadratic programming,SQP)算法[86],来实现非线性规划,以识别在 NBTI 效应下会导致电路最大老化的最差占空比集合。由于关键门的数目很少,所以时延约束和占空比取值约束项的数目同样很少。因此,非线性规划过程收敛很快。表 3.4 列出了非线性规划收敛所需的处理器(CPU)时间。

表 3.4　非线性规划收敛所需的 CPU 时间　　单位:s

服役期	电路										
	c880	c1908	c2670	c3540	c5315	c7552	s298	s820	s1196	s1238	s9234
5 年	23	38	30	55	82	97	9	15	27	23	112
10 年	27	40	33	60	91	113	9	18	31	26	135

在求解出最差占空比集合之后,即可结合式(3.1)使用静态时序分析来获得电路在其指定服役期内的最大老化预测值。在实验过程中,本文也实现了文献[32]提出的 MDS 预测方法。两种方法对于电路最大老化的预测结果均列于表 3.5 中。虽然电路在整个服役期的操作过程中其工作温度是不断变化的,然而,由于工作温度与电路所执行的工作负载密切相关,所以在设计阶段很难精确地掌握电路实际操作中的工作温度变化情况。因此,从最差操作情况考虑,在电路老化预测实验中假定工作温度固定为 400 K。为了比较上面提到的两种电路老化预测方法的精度,对每个实验电路,使用 2 万个随机生成的输入向量来模拟工作负载。在假定 5 年和 10 年服役期的条件下得到电

路老化造成的时延增加百分比。这些数据同样列于表 3.5 中。

表 3.5　电路老化预测结果

电　路	5 年老化/%			10 年老化/%		
	随机方法	本文方法	MDS	随机方法	本文方法	MDS
c880	9.70	10.40	18.48	10.97	12.01	21.30
c1908	9.58	9.96	17.26	11.21	11.78	19.86
c2670	8.78	9.33	15.99	10.26	11.55	17.55
c3540	8.22	9.59	19.45	10.03	11.93	22.01
c5315	9.90	10.76	18.23	11.45	12.25	19.98
c7552	8.52	9.52	20.10	10.13	11.99	22.38
s298	9.28	11.06	21.40	11.00	13.00	23.30
s820	11.55	13.10	18.51	13.22	15.10	21.58
s1196	9.66	10.40	20.59	11.11	12.49	22.13
s1238	10.25	11.53	20.79	12.01	13.08	23.90
s9234	10.11	10.79	21.22	11.87	11.01	23.75
平均值	9.6	10.59	19.27	11.21	12.38	21.61

由表 3.5 可以看出，本文提出的方法对于电路老化的预测值相比较于经历模拟工作负载时的电路老化值，其平均偏差(平均值列)只有 0.99%(5 年)和 1.17%(10 年)。相反，由于 MDS 方法将电路中节点的占空比统一设为 0.95，其做法较为悲观和保守。相应地，其预测结果同经历模拟工作负载时电路的老化值有较大的偏差。因此，实验结果证明了本文提出的分析方法在电路老化分析和预测方面的有效性。

3.5　本章小结

精确地预测电路在其服役期内的最大老化可以帮助设计者在设计阶段设置合理的定时余量，而精确地预测电路老化的关键在于能够准确地获得电路执行功能操作时的工作负载情况。本章分析了电路在整个操作时间内的信号行为，得出了电路在整个操作时间内经受动态 NBTI 效应的结论。随后，通过求解关键门输入节点上的最差占空比集合来反映电路在执行实际工作负载时的老化。实验结果表明，与同类方法相比，本章提出的老化分析和预测方法对于电路老化的预测更为精确和实际。

第4章 电路老化的统计预测和优化

随着晶体管特征尺寸不断缩小，制造过程中引入的工艺偏差会越来越严重。工艺偏差会导致制造后芯片上的晶体管或互连线实际物理和电气参数同设计时指定的额定值之间存在差异，表现为电路的时延或漏电呈现统计分布，从而造成电路性能偏离初始的设计期望[2,3,33]。文献[2]研究表明，工艺偏差会导致制造后芯片的漏电出现20倍的偏差，操作频率出现30%的偏差。因此，在设计阶段即考虑工艺偏差对电路时延或漏电的影响，以保证制造后芯片能够满足指定的性能指标是非常必要的。

虽然已有许多研究工作提出了各种分析和优化方法以减小工艺偏差对电路可靠性带来的影响，然而，在制造后芯片进入其服役期，NBTI效应导致的老化仍然会继续影响电路的时延变化，降低芯片的性能并威胁电路的可靠性。更为重要的是，工艺偏差和NBTI效应二者之间的交互作用会对电路的时延分布产生更大的影响。一方面，设备参数，如晶体管阈值电压或氧化层厚度由于工艺偏差的影响会呈现不确定性。因此，NBTI效应导致的阈值电压增加同样会表现为统计分布。另一方面，NBTI效应会随着电路使用时间的推移而不断增加通路的时延，从而导致电路时序分析结果也随着时间的变化而变化。基于上面的讨论可以看出，在对电路的服役期可靠性进行分析、预测和优化时应该将工艺偏差和NBTI二者的联合效应考虑在内。

本章的第一部分首先介绍提出的硅前电路老化统计分析和预测方法[87]。该方法通过向传统的NBTI模型中引入新的参数来建立门级老化统计模型，用以刻画标准单元在工艺偏差和NBTI联合效应下的时延分布。将此模型应用到统计时序分析中能够以线性运算复杂度计算多个信号到达时间的最大值，同时保留了参数偏差分布的空间相关性信息。随后，借助老化统计分析和预测的结果，并根据门实际的时延增加量来确定关键门的优化优先级，通过门设计尺寸缩放方法优化电路的时延分布，以保证电路时延满足预先指定的服役期可靠性指标。

为了减小硅前统计时序分析所采用的参数偏差分布和相关性模型同制造后芯片实际的参数偏差分布和相关性之间的差异，本章第二部分介绍了提出的硅前和硅后协同的电路老化统计分析和预测方法[88]。该方法通过构建一个人工神经网络，学习硅后时序验证阶段通路时延测试的结果，来获得芯片实际的参数偏差分布和相关性信息。然后将学习的结果反馈到电路时序分析中，以提高电路老化统计分析和预测的精度。

4.1　硅前电路老化的统计预测和优化

本文提出的电路老化统计分析和预测方法如图 4.1 所示。首先，通过将工艺偏差导致的参数偏差分布的不确定性引入到传统的 NBTI 模型中来建立一个门级的老化统计模型(虚线框内部分)。这个模型可以被用来刻画各种基本门的时延在工艺偏差和 NBTI 二者联合效应下的分布情况。将这个门级统计模型拓展到整个电路后，采用统计时序分析方法来获得整个电路的时延分布，并识别出关键通路上的关键门(点画线框内部分)。随后，将该老化统计分析和预测方法应用于电路老化的优化中，对关键门输入节点上的最差占空比集合进行求解，并根据求解出的最差占空比集合来预测关键门在实际电路操作中的最大时延增加量。接着，关键门按照它们的时延增加量被赋予不同的优化优先级，并用此优先级参数指导随后的门设计尺寸缩放算法，对电路的时延分布进行优化。优化算法采用迭代方式进行，直到指定的可靠性指标得到满足或者面积开销大于预先设定的阈值时结束(实线框内部分)。

4.1.1　门级老化统计模型

文献[14]和文献[17]对 PMOS 晶体管的阈值电压在长期 NBTI 效应影响下的变化进行了建模并给出了如下公式：

$$\Delta V_{\mathrm{th\_nbti}} = \left[\sqrt{K_v^2 \cdot T_{\mathrm{clk}} \cdot \alpha} / (1 - \beta_t^{(\frac{1}{2n})}) \right]^{2n} \tag{4.1}$$

其中，

$$\beta_t = 1 - \frac{2\varepsilon_1 \cdot t_e + \sqrt{\varepsilon_2 \cdot C \cdot (1-\alpha) \cdot T_{\mathrm{clk}}}}{2t_{\mathrm{ox}} + \sqrt{C \cdot t}}$$

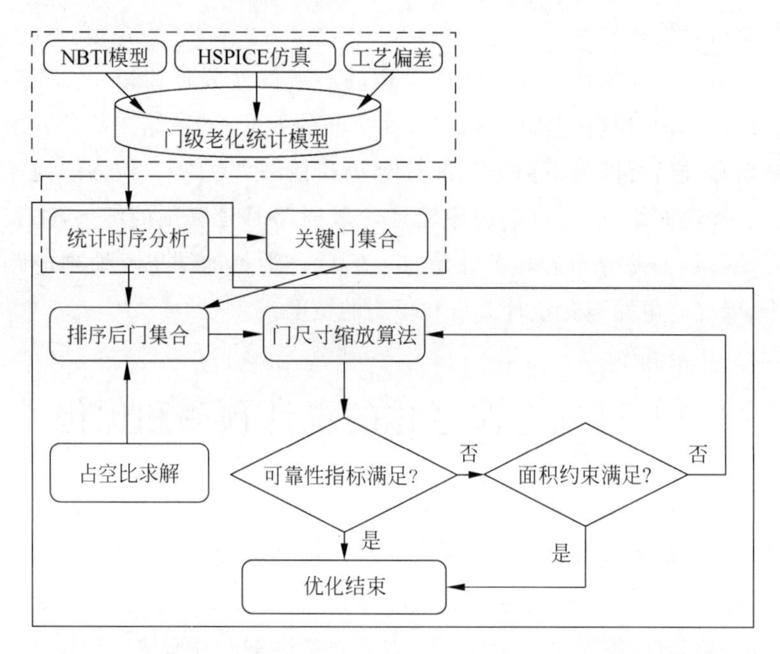

图 4.1　电路老化的统计分析和预测方法示意图

$$K_v = \left(\frac{qt_{\mathrm{ox}}}{\varepsilon_{\mathrm{ox}}}\right)^3 \cdot K_1^2 \cdot C_{\mathrm{ox}} \cdot (V_{\mathrm{gs}} - V_{\mathrm{th}}) \cdot \sqrt{C} \cdot \exp\left(\frac{2\varepsilon_{\mathrm{ox}}}{E_{\mathrm{o1}}}\right)$$

式(4.1)中的一些参数本文在前面已经做了介绍。比如 α 表示占空比，t 表示电路的操作时间，当扩散种子为氢分子时 n 取值为 0.16。式(4.1)中的 V_{th} 表示 PMOS 晶体管的额定阈值电压。式中的其他参数在此就不再逐一地进行介绍了，感兴趣的读者可以查阅文献[14]和文献[17]。

在式(4.1)中，PMOS 晶体管的阈值电压 V_{th} 被认为是设计时所指定的额定值。因此式(4.1)只能用来表示额定情况下 NBTI 效应导致的阈值电压变化。然而，在工艺偏差的影响下，制造后芯片上 PMOS 晶体管的阈值电压会呈现统计分布并可以表示如下：

$$V_{\mathrm{th}} = V_{\mathrm{th\_nom}} + \Delta V_{\mathrm{th\_sys}} + \Delta V_{\mathrm{th\_ran}} \tag{4.2}$$

式(4.2)中，$V_{\mathrm{th\_nom}}$ 表示额定阈值电压，$\Delta V_{\mathrm{th\_sys}}$ 和 $\Delta V_{\mathrm{th\_ran}}$ 分别表示由于系统偏差和随机偏差所导致的阈值电压变化。在这里本文假定偏差全部源自于片内参数偏差而忽略片间参数偏差。然而，需要说明的是，只需给片内参数偏差值加上一个片级的偏差值，本文提出的模型就可以很容易地刻画片间参数偏差。

因此,在考虑工艺偏差的情况下,需要将工艺偏差导致的阈值电压变化(式(4.2))也并入到式(4.1)中。同时,为了有利于实现快速的统计电路时序分析,在将式(4.2)替换入式(4.1)的过程中,只保留一些对NBTI效应影响较大的参数。这样,可以将式(4.1)转化为

$$\Delta V_{th\_nbti} = A \cdot [1 - \gamma \cdot (\Delta V_{th\_sys} + \Delta V_{th\_ran})] \cdot \alpha^n \cdot t^n \tag{4.3}$$

式(4.3)是一个考虑了工艺偏差和NBTI联合效应的阈值电压统计变化模型。在这个式中引入了两个新的参数:A和γ。参数A通过拟合得到,用来反映特定的工艺技术和工作条件(如供电电压和工作温度)对阈值电压变化的影响。γ表示NBTI效应导致的阈值电压变化相对于工艺偏差的敏感度。它可以根据不同的偏差值通过拟合得到。占空比α和操作时间t从式(4.1)中保留下来,因为NBTI效应导致的时延增加量同α和t之间有着幂率的关系。

由于工艺偏差导致的参数偏差分布具有空间相关性,因此,电路中不同的门,其内部PMOS晶体管的阈值电压分布不是独立的。为了反映这种参数偏差分布的相关性,本文采用文献[76]提出的立方树(Quad-tree)模型来刻画不同门阈值电压分布的相关性。如图4.2所示,采用多层Quad-tree划分,将整个芯片的面积分成若干个网格。每一层包含4^m个网格,m表示由0开始计数的层数。每个网格都被赋予了一个独立的高斯随机变量,用来表示阈值电压偏差的一个组成部分(系统偏差或随机偏差)。因此,每个门内的PMOS晶体管阈值电压偏差就可以看作是不同层中一个网格所赋予的随机变量的总和。例如,图4.2中门1、2和3内PMOS晶体管的阈值压偏差可以表示为

$$\Delta V_{th1} = \Delta V_{th(2,1)} + \Delta V_{th(1,1)} + \Delta V_{th(0,1)} + \Delta V_{th\_ran(1)}$$

$$\Delta V_{th2} = \Delta V_{th(2,4)} + \Delta V_{th(1,1)} + \Delta V_{th(0,1)} + \Delta V_{th\_ran(2)}$$

$$\Delta V_{th3} = \Delta V_{th(2,16)} + \Delta V_{th(1,4)} + \Delta V_{th(0,1)} + \Delta V_{th\_ran(3)}$$

从上面的例子可以看出,物理位置相邻近的门,如门1和门2的阈值电压偏差有着较多共同的随机变量,反映出它们之间较强的空间相关性。反之,门1和门3的阈值电压偏差只有一个共同的变量,表示它们之间的空间相关性较弱。$\Delta V_{th_ran(i)}$也是一个随机变量,用来表示由于随机因素导致的阈值电压偏差。

在应用Quad-tree模型后,对于某个门内部的PMOS晶体管k,式(4.3)可以改写为

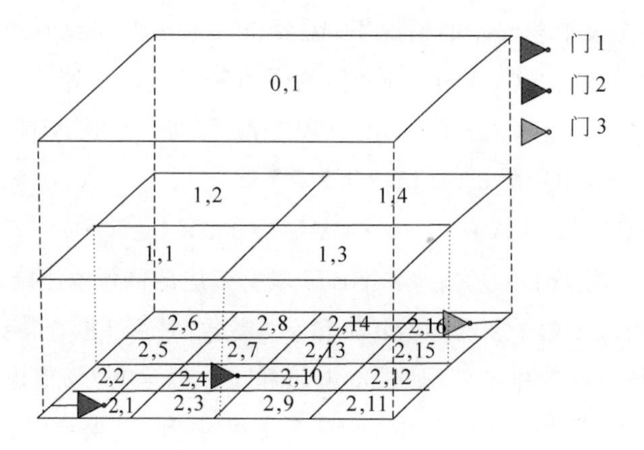

图 4.2 Quad-tree 模型

$$\Delta V_{\text{th\_nbti}} = A \cdot \left(1 - \gamma \cdot \left(\sum_{\substack{0 \leqslant i \leqslant m, \\ 0 \leqslant j \leqslant 4^m}} \Delta V_{\text{th}(i,j)} + \Delta V_{\text{th\_ran}(k)}\right)\right) \cdot \alpha_k^n \cdot t^n \quad (4.4)$$

为了简化表达，式(4.4)可以写成

$$\Delta V_{\text{th\_nbti}} = A \cdot \left(1 - \gamma \cdot \left(\sum_i \Delta V_{\text{th}(i)}\right)\right) \cdot \alpha_k^n \cdot t^n \quad (4.5)$$

式(4.5)中，$\Delta V_{\text{th}(i)}$ 对应着 Quad-tree 模型中的一个随机变量，比如 $\Delta V_{\text{th}(i,j)}$ 和 $\Delta V_{\text{th\_ran}(k)}$。符号 $\sum_i$ 则将模型中所有的随机变量相加。对于不属于 PMOS 晶体管 k 的随机变量，式(4.5)中的系数 $A \cdot \gamma \cdot \alpha_k^n \cdot t^n$ 为 0。

在工艺偏差和 NBTI 二者的联合效应下，PMOS 晶体管 k 的阈值电压可以表示为

$$V_{\text{th}(k)} = V_{\text{th\_nom}(k)} + \Delta V_{\text{th\_sys}(k)} + \Delta V_{\text{th\_ran}(k)} + \Delta V_{\text{th\_nbti}(k)} \quad (4.6)$$

将式(4.5)中的 $\Delta V_{\text{th\_nbti}(k)}$ 替换入式(4.6)中，可以得到：

$$V_{\text{th}(k)} = V_{\text{th\_nom}(k)} + A \cdot \alpha_k^n \cdot t^n + (1 - A \cdot \gamma \cdot \alpha_k^n \cdot t^n) \cdot \sum_i \Delta V_{\text{th}(i)} \quad (4.7)$$

根据文献[83]提出的 α 定律，门的传播时延可以近似地认为是阈值电压的线性函数。因此，从一个门输入节点 k 到门输出节点的传播时延可以表示为

$$D_k = F\left(V_{\text{th\_nom}(k)} + A \cdot \alpha_k^n \cdot t^n + (1 - A \cdot \gamma \cdot \alpha_k^n \cdot t^n) \cdot \sum_i \Delta V_{\text{th}(i)}\right) \quad (4.8)$$

式(4.8)中,F 表示门传播时延和阈值电压之间存在的一阶线性函数关系。进一步细化这种函数关系,式(4.8)可以转化为

$$D_k = D_{\mathrm{nom}(k)} + B_k \cdot \alpha_k^n \cdot t^n + (1 - A \cdot \gamma \cdot \alpha_k^n \cdot t^n) \cdot \beta_k \cdot \sum_i \Delta V_{\mathrm{th}(i)} \tag{4.9}$$

式(4.9)中,$D_{\mathrm{nom}(k)}$ 表示门的额定传播时延。同时,在式中引入了两个新的参数 B 和 β。B_k 是一个拟合的参数,用来反映额定条件下由于NBTI效应而增加的门传播时延。β_k 也是一个拟合的参数,用来表示在不考虑NBTI效应的情况下由于工艺偏差导致的门传播时延偏差。

4.1.2 统计关键门的识别

本节将4.1.1节介绍的门级老化统计模型拓展到整个电路后,采用统计时序分析方法来识别电路中的统计关键通路和这些通路上的统计关键门。这里的统计关键通路是指在考虑工艺偏差和NBTI二者的联合效应下,如果一条通路的时延统计增加量大于自身的定时余量,则这条通路就被认为是统计关键通路。在计算通路的时延统计增加量时,既可以采用通路时延的均值(mean),也可以采用均值加方差(variance)的方式。统计关键门的定义与3.2.3节给出的关键门的定义相同。

基于提出的门级老化统计模型,本文借助文献[89]提出的统计时序分析方法来识别电路中的统计关键通路。文献[89]提出的统计时序分析方法计算电路时延概率密度函数的统计边界(statistical bound),节点信号最大到达时间的计算可在线性时间内完成。这使得电路的时序分析具有线性运算复杂度,同时又保留了信号到达时间与门传播时延之间的空间相关性信息。

统计时序分析主要由两个操作组成:到达时间的传播与合并。传播操作将到达时间从门的输入节点传播到门的输出节点。在这个过程中,门的传播时延被累加到到达时间上。合并操作通过计算门所有输入节点上到达时间的最大值来产生门输出节点上的到达时间。

本文将门的传播时延和节点的信号到达时间都统一地表示为式(4.9)的形式。因此,门输入节点 i 的信号到达时间 A_i 可以表示为

$$A_i = A_{\mathrm{nom}(i)} + \sum_j B_j \cdot \alpha_j^n \cdot t^n + \left(\sum_j (1 - A \cdot \gamma \cdot \alpha_j^n \cdot t^n) \cdot \beta_j \right) \cdot \sum_i \Delta V_{\mathrm{th}(i)} \tag{4.10}$$

式(4.10)中，$A_{\mathrm{nom}(i)}$ 表示输入节点 i 信号的额定到达时间，符号 $\sum_j$ 表示到达时间的计算进行到节点 i 之前将 j 个门的传播时延累加到到达时间的过程。

同时，可以将从门输入节点 i 到门输出节点 k 的传播时延 D_i 表示为

$$D_i = D_{\mathrm{nom}(i)} + B_i \cdot \alpha_i^n \cdot t^n + (1 - A \cdot \gamma \cdot \alpha_i^n \cdot t^n) \cdot \beta_i \cdot \sum_i \Delta V_{\mathrm{th}(i)}$$

由此可以得到门输出节点 k 的信号到达时间 A_k 的表达式：

$$A_k = A_{\mathrm{nom}(k)} + \sum_l B_l \cdot \alpha_l^n \cdot t^n + \left(\sum_l (1 - A \cdot \gamma \cdot \alpha_l^n \cdot t^n) \cdot \beta_l \right) \cdot \sum_i \Delta V_{\mathrm{th}(i)} \tag{4.11}$$

其中，

$$A_{\mathrm{nom}(k)} = D_{\mathrm{nom}(i)} + A_{\mathrm{nom}(i)}$$

$$\sum_l B_l \cdot \alpha_l^n \cdot t^n = B_i \cdot \alpha_i^n \cdot t^n + \sum_j B_j \cdot \alpha_j^n \cdot t^n$$

$$\sum_l (1 - A \cdot \gamma \cdot \alpha_l^n \cdot t^n) \cdot \beta_l = (1 - A \cdot \gamma \cdot \alpha_i^n \cdot t^n) \cdot \beta_i + \sum_j (1 - A \cdot \gamma \cdot \alpha_j^n \cdot t^n) \cdot \beta_j$$

$$l = j + 1$$

从式(4.11)可以看出，A_k 的计算是确切的，同时保留了输入节点信号到达时间和门传播时延之间的相关性信息。

文献[89]证明了对于任意两组数 $a_1, a_2, \cdots, a_n$ 和 $x_1, x_2, \cdots, x_n$，接下来的公式成立：

$$\max\left(\sum_{i=1}^n a_i, \sum_{i=1}^n x_i \right) \leqslant \sum_{i=1}^n \max(a_i, x_i) \tag{4.12}$$

应用式(4.12)，两个到达时间最大值的计算过程可以表示如下。假定两个达到时间 A_1 和 A_2：

$$A_1 = A_{\mathrm{nom}(1)} + \sum_m B_m \cdot \alpha_m^n \cdot t^n + \left(\sum_m (1 - A \cdot \gamma \cdot \alpha_m^n \cdot t^n) \cdot \beta_m \right) \cdot \sum_i \Delta V_{\mathrm{th}(i)}$$

$$A_2 = A_{\mathrm{nom}(2)} + \sum_p B_p \cdot \alpha_p^n \cdot t^n + \left(\sum_p (1 - A \cdot \gamma \cdot \alpha_p^n \cdot t^n) \cdot \beta_p \right) \cdot \sum_i \Delta V_{\mathrm{th}(i)}$$

其中，m 和 p 分别表示计算 A_1 和 A_2 的过程中所经过的门的数目。则 A_1 和 A_2 的最大值 A_3 可以表示为

$$A_3 = A_{\mathrm{nom}(3)} + \sum_q B_q \cdot \alpha_q^n \cdot t^n + \left(\sum_q (1 - A \cdot \gamma \cdot \alpha_q^n \cdot t^n) \cdot \beta_q\right) \cdot \sum_i \Delta V_{\mathrm{th}(i)} \tag{4.13}$$

其中，

$$A_{\mathrm{nom}(3)} = \max(A_{\mathrm{nom}(1)}, A_{\mathrm{nom}(2)})$$

$$\sum_q B_q \cdot \alpha_q^n \cdot t^n = \max\left(\sum_m B_m \cdot \alpha_m^n \cdot t^n, \sum_p B_p \cdot \alpha_p^n \cdot t^n\right)$$

$$\sum_q (1 - A \cdot \gamma \cdot \alpha_q^n \cdot t^n) \cdot \beta_q = \max\left(\sum_m (1 - A \cdot \gamma \cdot \alpha_m^n \cdot t^n) \cdot \beta_m\right.$$

$$\left.\sum_p (1 - A \cdot \gamma \cdot \alpha_p^n \cdot t^n) \cdot \beta_p\right) q \leqslant m + p$$

A_3 实际上是 A_1 和 A_2 最大值的统计上界[89]。根据式(4.11)和式(4.13)，统计时序分析就可以计算电路信号统计最大到达时间或者电路中任意节点的信号统计最大到达时间。

采用统计时序分析可以获得任意一条通路的时延分布情况。假定通路时延分布的均值为 μ，标准方差为 σ。在本章中，如果一条通路时延的 $\mu+3\sigma$ 大于其自身的定时余量，那么这条通路就被识别为统计关键通路。而统计关键门的识别过程与 3.2.3 节介绍的方法相同。

4.1.3　门设计尺寸缩放算法

在获得电路时延的分布后，本文采用门设计尺寸缩放(gate sizing)算法对电路时延进行优化，以保证电路服役期可靠性指标得到满足。很明显，如果一个统计关键门在工艺偏差和 NBTI 二者的联合效应下的时延增加量较大，会对它所属的统计关键通路的时延增加量影响较大。因此，提出的门尺寸缩放(gate sizing)算法会优先选择时延增加量较大的关键门进行优化。

本文通过求解统计关键门输入节点上的最差占空比集合来计算每个关键门的最大时延增加量(使用式(3.1))。最差占空比的求解过程与 3.3 节介绍的方法相同。

在对统计关键门进行优化的过程中,除了考虑关键门的时延增加量外,还需要考虑门的传播时延相对于设计尺寸改变的敏感度。对于不同类型的门,其传播时延相对于设计尺寸改变的敏感度也是不同的。例如,相比较于或非门和反相器,与非门具有更大的敏感度。这是因为与非门内上拉网络中的 PMOS 晶体管是并行放置的,因而具有更小的电阻。所以,当与非门内晶体管的设计尺寸发生了变化,门传播时延的变化会很明显。而对于或非门,门传播时延的变化会随着被优化的 PMOS 晶体管数目的增加而变大。

基于上述的讨论,统计关键门的优化优先级 P_g 定义如下:

$$P_g = S_g \cdot \sum_{i=1}^{n} \Delta D_i \tag{4.14}$$

式(4.14)中,S_g 表示门传播时延相对于设计尺寸改变的敏感度,ΔD_i 是根据门输入节点 i 上的最差占空比计算出来的由节点 i 到门输出节点的传播时延,n 表示经过这个门的统计关键通路的数目。

Gate sizing 算法的具体细节描述如下。算法开始前,电路中所有的门都被赋予一个基准尺寸。例如,对于 65 nm 技术而言,PMOS 和 NMOS 晶体管的最小沟道长度统一设为 65 nm,而宽长比(ratio of width and length,W/L)则分别设为 10 和 5。接着,所有统计关键门归为一组,并按照它们的优化优先级以降序排列。整个优化过程由多次迭代组成。为了减少优化时间,在每次迭代中同时对多个门的设计尺寸进行更改。比如,在第一次迭代中,首先从已经排序的统计关键门中选取前 n 个门,然后为这些门内所有处于统计关键通路上的 PMOS 和 NMOS 晶体管统一增加一个单位宽度。在这次迭代完成后,采用统计时序分析获得优化后的电路时延分布。如果指定的定时约束没有得到满足,则在下一次迭代中从还没有被优化过的统计关键门中再次选取前 n 个门并对它们进行优化。整个迭代过程一直到指定的定时约束得到满足或者面积开销大于预先设定的阈值才结束。

4.1.4 实验及结果分析

实验电路从 ISCAS 基准电路中选取。使用 SYNOPSYS 设计编译器来综合电路的网表。在网表综合过程中只使用反相器、2—4 输入的与非门和或非门。基准电路中的时序电路被转换为组合电路。原来电路网表中触发器的输入和输出端设为组合电路中的原始输出和原始输入。仍然采用 PTM

65 nm 晶体管模型。

电路老化统计模型中的参数 A、B、γ 和 β 通过 HSPICE 仿真在不同的占空比、不同的工作温度和不同的阈值电压偏差下拟合得到。拟合过程采用 HSPICE 的 MOSRA 分析方法来仿真 NBTI 效应。电路中的所有门都被赋予一个基准尺寸，最小沟道长度统一设为 65 nm，而 PMOS 晶体管和 NMOS 晶体管的宽长比则分别设为 10 和 5。

实验中采用 3 层 Quad-tree 模型来刻画参数偏差分布的空间相关性。模型中最底层的 16 个网格每个都被随机分配给电路中的一个门。因此，按照 4.1.1 节关于 Quad-tree 模型的描述，这个门阈值电压偏差的所有组成部分（随机变量）也就可以确定了。同一层的随机变量具有相同的概率分布。阈值电压的标准偏差假定为额定值的 10%，并进一步分为 6% 的系统偏差和 8% 的随机偏差。而系统偏差在每一层的分布分别为 1.9%（层 0）、3.9%（层 1）和 4.2%（层 2）。将大部分的系统偏差分配到底层表示参数偏差分布具有较强的空间相关性。图 4.1 所示的电路老化统计分析和预测方法通过 C++ 和 MATLAB 混合编程实现。所有的实验均在 Intel Xeon 8 核 Linux 服务器上进行，单核工作频率为 2.33 GHz，内存为 16 GB。

首先来验证提出的门级老化统计模型的精度（式(4.9)）。在相同的偏差分布和工作条件下，采用式(4.9)计算出的门传播时延分布同 HSPICE 蒙特卡罗模拟得到的结果进行比较。阈值电压的偏差假定服从高斯分布，均值设为 −0.365 V，而标准偏差设为均值的 10%。门输入节点上的占空比设为 0.5，而电路的操作时间假定为 10 年。另外，在 HSPICE 蒙特卡罗模拟中，电路在执行功能操作时的工作温度变化也假定服从高斯分布，均值设为 350 K，而标准偏差设为均值的 5%。表 4.1 给出了采用式(4.9)计算出的门传播时延分布同蒙特卡罗模拟结果之间存在的误差。注意对于与非门和或非门，表中列出的时延值是所有输入节点中的最大传播时延。

表 4.1　门级老化统计模型的误差情况

误差/%	反相器	与非门（输入节点数目）			或非门（输入节点数目）		
		2	3	4	2	3	4
μ	0.97	1.58	1.76	2.87	1.62	1.98	2.98
σ	1.21	2.03	2.22	3.03	2.81	3.12	3.55

由表 4.1 中的数据可以看出,同蒙特卡罗模拟的结果相比较,本文提出的老化统计模型在门传播时延分布的均值计算上最大误差小于 3%,而在标准偏差的计算上最大误差小于 4%。误差主要源自参数拟合过程中的精度损失。不过仍然可以这么说,本文提出的老化统计模型在刻画由于工艺偏差和 NBTI 联合效应导致的门传播时延分布时仍然具有可以接受的精度。

接着,基于门级老化统计模型,采用统计时序分析获得在考虑工艺偏差和 NBTI 二者联合效应下电路经过 5 年和 10 年服役期后时延分布的均值和标准偏差。统计关键门传播时延的计算是根据求得的最差占空比进行的。电路操作分为活动模式和待机模式,二者的时间比例设为 9∶1。相应地,电路处于活动模式和待机模式时的工作温度分别设为 385 K 和 320 K。所有实验电路时延分布的均值和标准偏差如图 4.3 所示。

由图 4.3 可以看出,随着电路操作时间的增加,电路信号最大到达时间的均值也随之增加,而偏差却不断减小。这也意味着在工艺偏差和 NBTI 二者联合效应下,电路中越来越多的通路有可能成为统计关键通路,从而影响电路的时延分布并对电路时序的优化带来更大的挑战。

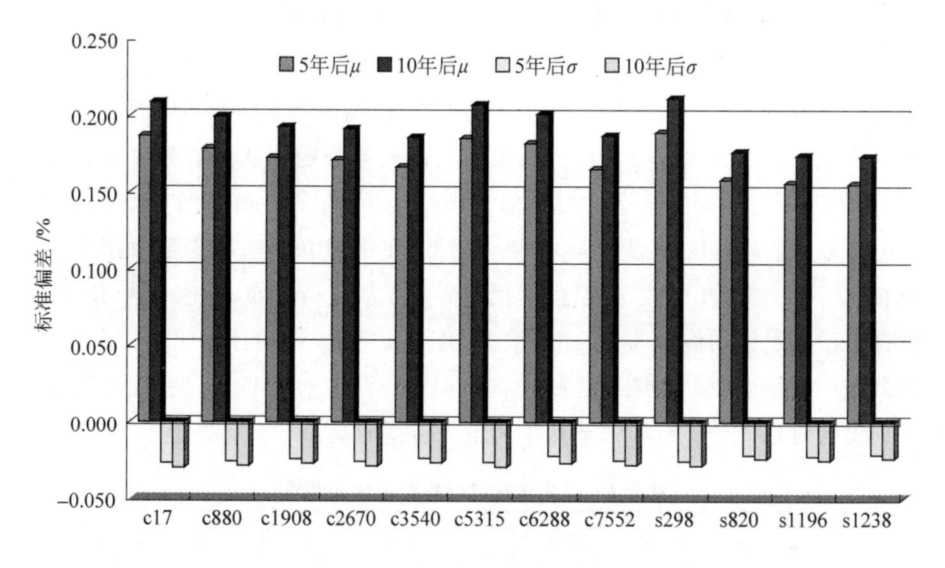

图 4.3　工艺偏差和 NBTI 二者联合效应导致的电路时延分布

在获得电路的时延分布后,采用提出的门设计尺寸缩放算法对电路的时延进行优化以满足指定的服役期可靠性约束目标。这里,可靠性约束目标定义为电路信号最大到达时间的$\mu+3\sigma$小于指定的定时约束(例如电路最长通路时延的110%)。同时,出于比较的目的,还实现了另外两种门设计尺寸缩放算法: S+C和S+D算法。S+C算法是由文献[37]提出的,在优化电路时延的过程中同时考虑门的敏感性和关键性。S+D算法则是派生于传统的门设计尺寸缩放算法,在优化电路时延的过程中同时考虑门的敏感性以及门传播时延的增加量。上述三种门设计尺寸缩放算法在每一次迭代中均选取50个门(按照优化优先级排序后)同时进行优化。优化过程中由于改变设计尺寸而引入的面积开销通过计算优化前和优化后电路中所有晶体管宽度总和的比例获得。表4.2列出了在满足指定的可靠性约束目标的情况下,三种门设计尺寸缩放算法收敛所需的迭代次数及相应的面积开销。

表4.2　三种门设计尺寸缩放算法的优化结果

电路	5年						10年					
	本文方法		S+C		S+D		本文方法		S+C		S+D	
	num	a/%	num	a/%	num	a/%	num	a/%	num	a/%	num	a/%
c17	2	18.5	3	27.7	2	23	2	19.1	3	27.9	2	23.8
c880	3	5.2	5	10.4	4	11.3	4	5.6	5	11.9	4	12.9
c1908	2	3.8	5	7.3	8	17.1	2	4.0	5	8.8	7	18.7
c2670	2	2.2	4	5.3	4	8.4	2	2.7	5	6.8	4	10.0
c3540	8	7.9	11	15.9	16	21.8	8	8.1	13	17.4	19	23.4
c5315	5	5.5	9	11.0	15	14.6	6	5.8	11	12.5	17	16.2
c6288	7	8.9	12	16.6	13	18.6	8	9.2	14	18.1	14	20.2
c7552	5	7.7	10	14.2	10	13.8	5	8.5	10	15.7	10	15.4
s298	2	8.2	5	23.0	4	22.6	2	9.4	4	24.5	4	24.2
s820	3	6.7	6	17.2	4	14.2	3	7.1	7	18.7	6	15.8
s1196	5	8.0	9	17.4	7	17.2	7	8.7	10	18.9	10	18.8
s1238	5	7.4	7	11.8	6	14.1	6	8.2	8	13.3	8	15.7
AVE		7.5		14.82		16.39		8.03		16.21		17.93

num: 算法收敛需要的迭代次数; a: 面积开销。

这里采用算法收敛所需的迭代次数来表示算法收敛的速度。这是因为三种算法都是采用同样的统计时序分析方法,而且每次迭代中优化的门的数目也相同。迭代次数越少表明算法收敛的速度越快。由表4.2中的数据可以看出,同样使电路时延分布满足指定的可靠性约束目标,本文提出的算法具有最快的收敛速度和最小的面积开销。采用本文提出的优化算法所引入的面积开销比起 S+C 和 S+D 算法所引入的面积开销少了近一倍(行平均值)。上述结果表明,本文提出的关键门的优化优先级参数能够有效地引导门设计尺寸缩放算法对电路时延的优化。也就是说,应该在优化过程中考虑门的时延增加量。

值得注意的是,对于某些电路,S+D 算法所引入的面积开销要小于 S+C 算法所引入的开销。究其原因可能在于某些统计关键门的时延增加量较大,因此 S+D 算法在对关键门进行优先级排序时,即使算法本身并没有考虑门的关键性,仍然会为那些有着较大时延增加量的关键门赋予较高的优化优先级。这再一次证明电路时延的优化过程中应该考虑门传播时延的增加量。

通过观察图 4.3 可以发现,由于 NBTI 模型中的参数 n 小于 1(0.16),电路时延增加的趋势是先急后缓。在服役期开始的一两年电路时延增加较快,随后即趋于平缓。这也可以从表 4.2 中的数据看出来。优化中为了满足 10 年服役期可靠性目标而带来的面积开销只比满足 5 年服役期可靠性目标而带来的面积开销多一点点。这也表明,只需要额外增加少量的面积开销,即可保证电路在更长服役期内的可靠性。

4.2 硅前和硅后协同的电路老化统计分析和预测

4.1 节介绍的方法主要用于在设计阶段(硅前)对电路在工艺偏差和 NBTI 二者联合效应下的时延分布进行分析和预测,并用以指导随后的电路时序优化技术。它的应用依赖于一些重要的假设,例如阈值电压分布的标准偏差、标准偏差中系统偏差和随机偏差各自所占的比例,尤其是应用 Quad-tree 模型时所假定的片内偏差在各层上的分布。很明显,将大部分的片内偏差分配到模型的最底层会导致参数的偏差分布具有较强的空间相关性。而如果将大部分的片内偏差分配到模型的最上层,则会导致参数的偏差分布具有较弱的空间相关性。这两种不同的分配方法会导致电路时延分布的预测结果出现较大的差异。图 4.4 给出了在假定参数的偏差分布完全独立和完全相关两种情况下,对电路 c880 时延的分布情况所作的预测结果。很明显,基于这两种不同假设所作的电路时延分布预测结果存在着较大的差异。而基于芯片实际的参数偏差分布所作的电路时延预测结果应是处于这两种极端情况之间。

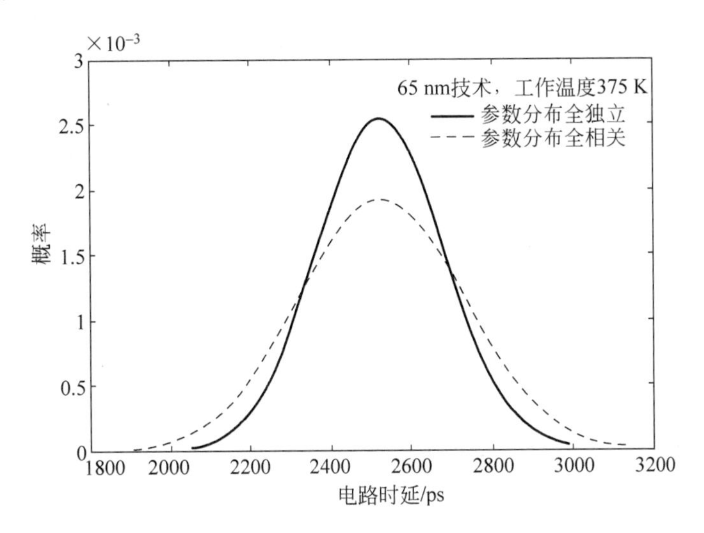

图 4.4　电路 c880 时延分布

由图 4.4 可以看出，在假定参数的偏差分布全相关和全独立的两种情况下，电路时延分布的标准偏差相差 25%。因此，如果能够在设计阶段采用制造后芯片实际的参数偏差分布和相关性模型将会大大提高电路老化统计分析和预测的准确度。

本节在 4.1 节介绍的电路老化统计分析和预测方法的基础上，进一步提出硅前和硅后协同的电路老化统计分析和预测方法。通过建立一个人工神经网络对硅后时序验证阶段通路时延测试的结果进行学习，从而获得制造后芯片实际的参数偏差分布和相关性信息，并以此校正设计阶段统计时序分析里所假定的参数偏差分布和相关性模型。

4.2.1　方法概述

本文提出的硅前和硅后协同的电路老化统计分析和预测方法如图 4.5 所示。在硅前，即设计阶段，首先采用 4.1 节介绍的电路老化统计分析和预测方法识别电路中的统计关键通路（statistical critical path，SCP）。接着提出一个算法从识别出的统计关键通路中挑选出一些能够全面地反映芯片参数偏差分布和相关性的通路。这些通路即作为硅后时序验证阶段通路时延测试的目标通路。同时，这一阶段所采用的参数偏差分布和相关性模型中的参数也作为需要通过神经网络学习的目标参数。

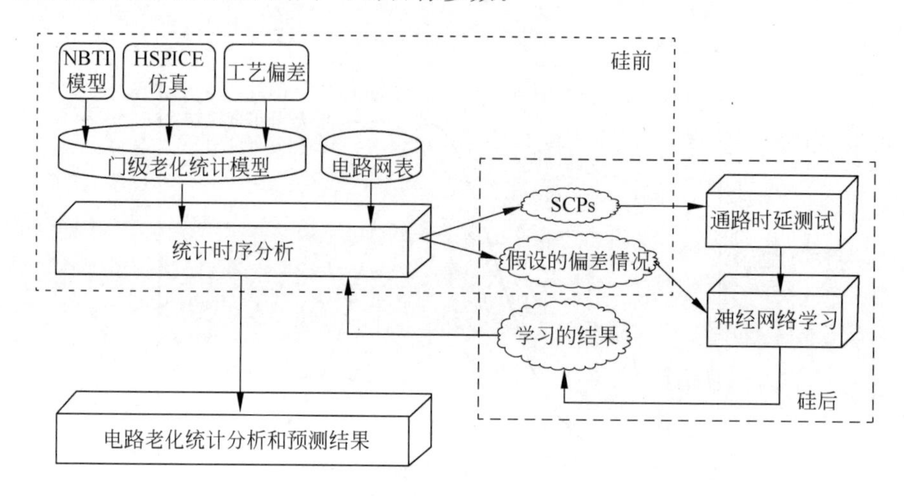

图 4.5　硅前和硅后协同的电路老化统计分析和预测方法示意图

而在硅后时序验证阶段，首先针对前面挑选出来的目标通路对一些采样芯片做通路时延测试。然后，神经网络根据时延测试的结果，来学习制造后芯片实际的参数偏差分布和相关性情况，并不断校正硅前采用的假定模型中的参数。学习过程直到误差小于指定的阈值后结束。最后，将学习的参数反馈到统计时序分析中来提高电路老化统计分析和预测的精度。

4.2.2　目标通路的识别

首先为硅后时序验证阶段通路时延测试识别目标通路。被挑选出来的通路应该满足以下条件：①这些通路应该在工艺偏差和 NBTI 二者联合效应下成为电路中的统计关键通路；②这些通路应该能够全面地反映制造后芯片实际的参数偏差分布和相关性情况。

这里采用 4.1 节介绍的电路老化统计分析和预测方法来识别电路中的统计关键通路。具体的细节与 4.1 节所介绍的内容相同，被识别出来的统计关键通路可能有很多。为了减小硅后通路时延测试的时间，本文只从这些统计关键通路中挑选出最能够反映芯片的参数偏差分布和相关性情况的少量通路。基于上述考虑，本文采用一个重要性因子对识别出来的统计关键通路进行分级：

$$PF_i = D_i \cdot NG_i \tag{4.15}$$

式(4.15)中：PF_i 是第 i 条统计关键通路的重要性因子；D_i 表示在考虑工艺偏差和 NBTI 二者联合效应下，通过统计时序分析所获得的通路的时延值，它可以是通路时延的均值，或是均值加上方差的形式；NG_i 表示在采用 Quad-tree 模型的前提下，通路 i 所经过的网格的数目。很明显，式(4.15)表明，如果一条统计关键通路的时延值越大且经过的网格数目越多(也就是这条通路所贯穿的芯片面积越大)，它的重要性也就越大，越应该被挑选出来作为时延测试的目标通路。

基于这个通路重要性因子，本文提出一个算法用以从识别出的统计关键通路中挑选目标通路。在下面所描述的算法中，P_T 表示挑选出来的目标通路组成的集合，而 P_{SCP} 表示统计关键通路组成的集合。算法一直会到 Quad-tree 模型中所有的网格都被所挑选出来的通路覆盖才结束。

挑选目标通路算法：

(1) 初始化 P_T 集合和 P_{SCP} 集合为空。将 Quad-tree 模型应用到电路的网表中。

(2) 执行统计时序分析。对电路中所有统计关键通路，获得每条通路的 D 和 NG，并据此计算出该条通路的 PF。

(3) 将通路放入 P_{SCP} 集合中并按照它们的 PF 值以降序排列。

(4) 从 P_{SCP} 集合中取出第一条通路，记录下这条通路所经过的 Quad-tree 模型中的网格，将这条通路放入 P_T 集合中并将其从 P_{SCP} 集合删除。

(5) 如果 Quad-tree 模型中的所有网格都已经被放入 P_T 集合中的通路覆盖，算法结束。否则算法返回到第(4)步。

4.2.3 硅后学习

在挑选出目标通路后，就可以对采样的芯片进行通路时延测试了。而构建的神经网络模型则根据通路时延测试的结果来学习制造后芯片实际的参数偏差分布和相关性信息。那么一个重要的问题是，神经网络学习的目标是什么？

从 4.1 节介绍的电路老化统计分析和预测方法中可以知道，统计关键通路的识别强烈依赖于统计时序分析中所采用的参数偏差分布和相关性模型。对于 Quad-tree 模型来说，阈值电压分布的标准偏差、标准偏差中系统偏差和随机偏差各自所占的比例，尤其是应用 Quad-tree 模型时所假定的片内偏差在各层上的分布，对于最后的时序分析结果影响最大。因此，本文将片内偏差在各层上的分布以及随机偏差作为硅后学习的目标。因为知道了片内偏差在各层上的分布，也就可以知道整个的片内偏差。而知道了片内偏差和随机偏差，也就可以知道整个阈值电压的偏差分布。

本文通过构建一个人工神经网络模型来进行硅后学习。图 4.6 给出了神经网络模型的示意图。神经网络包含三层，分别为输入层、隐含层和输出层。对采样芯片所做的通路时延测试结果作为初始输入送入到神经网络中，随后由输入层中的输入预处理函数计算出通路时延的偏差分布。计算得到的偏差分布则作为神经网络的真正输入。神经网络的输出则是学习到的片内偏差在各层上的分布和随机因素导致的偏差。

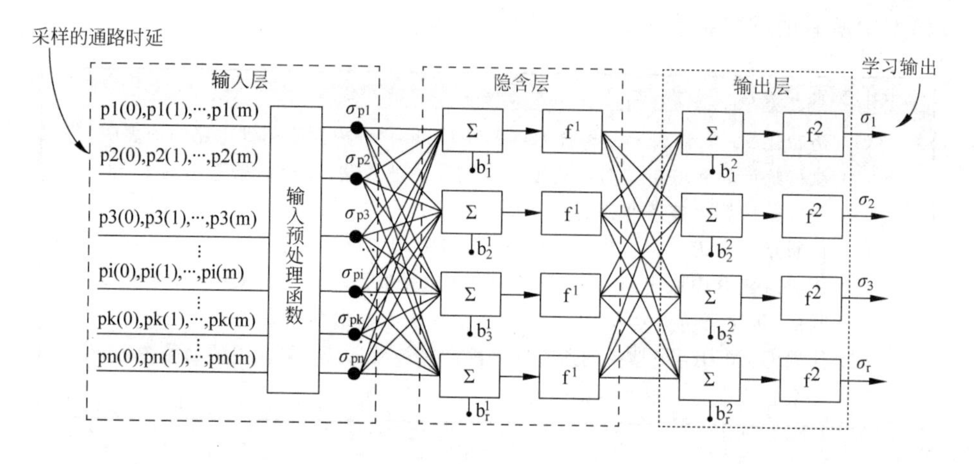

图 4.6　神经网络模型示意图

为了训练神经网络模型，首先通过执行多次蒙特卡罗模拟来模拟采样的制造后芯片。每次蒙特卡罗模拟都是基于对阈值电压偏差分布、系统偏差和随机偏差各自所占的比例，以及应用 Quad-tree 模型时片内偏差在各层上的分布的不同假设进行的。随后，通过静态时序分析来模拟对采样芯片进行的通路时延测试，获得目标通路的采样时延值。而在蒙特卡罗模拟中采用的表示偏差分布的参数则作为网络的目标输出。网络训练直到学习误差小于指定的阈值才会结束。

4.2.4　实验及结果分析

实验平台及实验电路与 4.1 节的实验部分相同。而统计关键通路的识别过程也与 4.1 节相同。在挑选出时延测试的目标通路后，通过执行 20 次蒙特卡罗模拟来模拟 20 片采样芯片。每次蒙特卡罗模拟都基于对阈值电压偏差分布、系统偏差和随机偏差各自所占的比例，以及应用 Quad-tree 模型时片内偏差在各层上的分布的不同假设进行。通过观察统计时序分析的结果发现，对于所有的实验电路，至多只需要 7 条统计关键通路就可以覆盖 Quad-tree 模型中的所有网格。因此，实验中对每个实验电路均挑选出 10 条统计关键通路作为时延测试的目标通路。通路时延测试中，借助 SYNOPSYS TetraMax 来判断目标通路在实际电路操作中是否可敏化。然后使用静态时序分析来模拟获得通路时延采样值的过程。20 次蒙特卡罗模拟结束后，所有通路时延的采样值组成输入矩阵，而在 20 次蒙特卡罗模拟中采用的表示偏差分布的参数则组成目标输出矩阵。

神经网络模型通过编写 MATLAB 脚本实现。网络包含 10 个输入和 4 个输出。隐含层和输出层分别包含 20 个和 3 个神经元。输入矩阵和输出矩阵被随机地划分为 3 部分：70%用于网络训练，15%用于训练效果验证，另外 15%则用于完全独立的网络学习效果测试。当验证误差连续在 6 次迭代中增加，网络训练过程结束。

图 4.7 给出了神经网络对电路 c880 中的参数偏差分布进行学习时的训练误差、验证误差和测试误差。由图 4.7 可以看出，网络训练的效果很理想。训练过程在第二次迭代就达到了最小的验证误差和测试误差。而最后的均值平方根误差(mean squared error，MSE)小于 10^{-4}。

图 4.8 给出了对 c880 进行网络学习后的回归分析。由图 4.8 可以看出，在网络的训练、验证和测试中，网络输出与目标输出吻合得非常好。对于所有的测试响应，R 值都超过了 0.99。R 值表示网络输出同目标输出的吻合程度，R 值为 1 表示最佳的吻合。

在网络学习后，本文生成 10 组新的输入和输出采样，并用这些采样值来测试网络学习的效果。测试结果列于表 4.3 中。表中第二列给出了网络测试达到最小均方根误差(MSR)时的迭代次数。第三、四列给出了网络测试后的

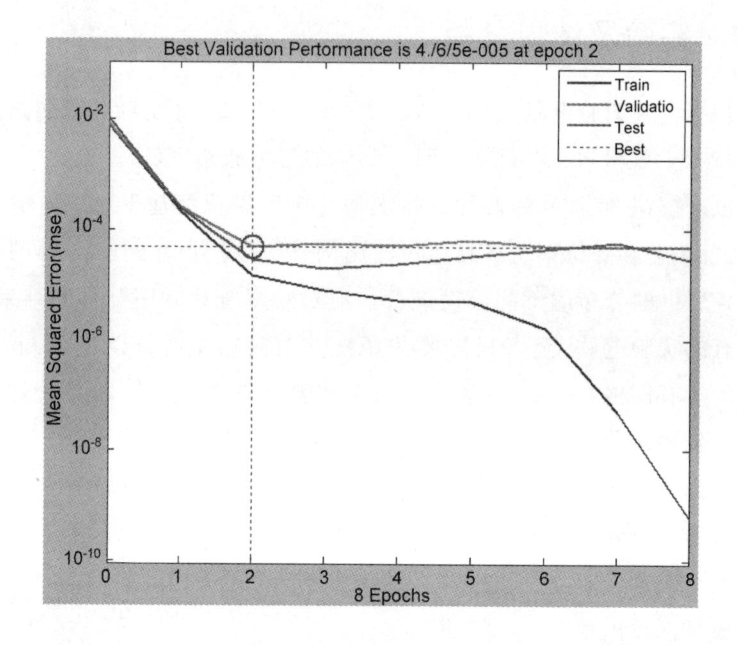

图 4.7 网络训练的误差情况

MSR 和 R 值。能够看到，对于所有的实验电路，MSR 都非常小而 R 值非常接近于 1。这也体现了很好的网络学习效果。

表 4.3 网络学习效果的测试结果

电　路	迭代次数	MSR	R 值
c880	3	$7.2e^{-3}$	0.9688
c1908	2	$5.3e^{-3}$	0.9779
c2670	2	$3.3e^{-3}$	0.9821
c3540	4	$6.8e^{-3}$	0.9911
c5315	2	$7.7e^{-3}$	0.9656
c6288	3	$6.3e^{-3}$	0.9882
c7552	7	$8.8e^{-3}$	0.9863
s298	4	$2.7e^{-3}$	0.9778
s820	2	$8.5e^{-3}$	0.9641
s1196	3	$3.1e^{-3}$	0.9855
s1238	6	$3.2e^{-3}$	0.9936
s9234	2	$9.1e^{-3}$	0.9791

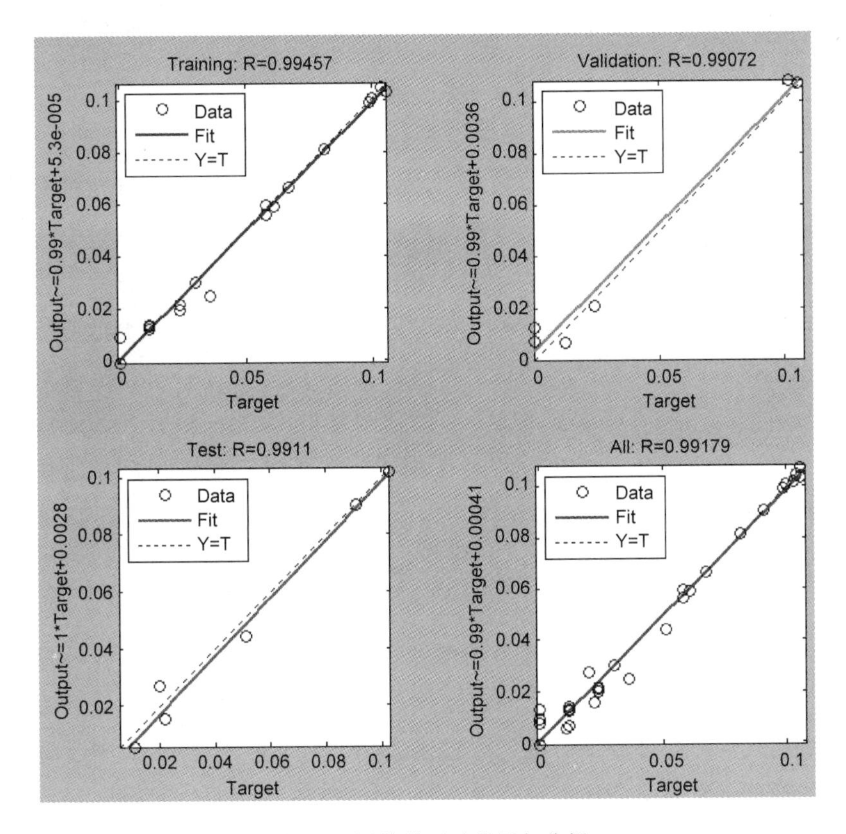

图 4.8　网络学习后的回归分析

网络学习结束后,将学习到的参数反馈给统计时序分析,并对电路在工艺偏差和 NBTI 二者联合效应下经过 5 年服役期后时延的分布进行预测,预测结果如图 4.9 所示。

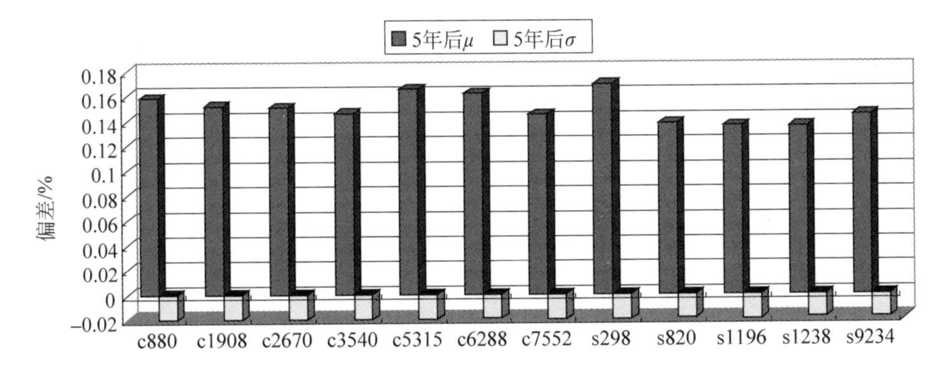

图 4.9　电路时延分布预测结果

4.3 本章小结

工艺偏差和NBTI效应相互作用,对电路在其服役期的可靠性带来了严重挑战。本章提出了一个电路老化的统计分析和预测方法,用以对电路在工艺偏差和NBTI二者联合效应下的可靠性进行分析、预测和优化。通过建立门级老化统计模型来刻画标准单元在工艺偏差和NBTI二者联合效应下的时延分布。在将门级模型扩展到整个电路后,借助统计时序分析来预测电路的时延分布情况。基于对电路时延分布的预测结果,采用门设计尺寸缩放算法对电路时延进行优化。优化过程中考虑了门传播时延对设计尺寸改变的敏感度,以及门传播时延的增加量两个因素。优化结果表明,在满足指定的服役期可靠性指标的前提下,提出的优化算法收敛速度最快,引入的面积开销最小。

为了弥补设计阶段假定的参数偏差分布和相关性模型与制造后芯片实际的参数偏差分布和相关性之间的差异,本章进一步提出硅前和硅后协同的电路老化统计分析和预测方法。通过建立一个人工神经网络,对硅后时序验证阶段通路时延测试的结果进行学习,从而获得制造后芯片实际的参数偏差分布和相关性信息,并以此校正设计阶段统计时序分析里所假定的偏差分布和相关性模型。实验结果表明,网络学习的效果很理想,有效地提高了设计阶段做出的电路老化统计分析和预测的精度。

第5章　在线电路老化预测

近年来，除了在设计阶段对电路老化进行理论分析和预测外，一些研究工作提出对电路老化进行在线(online)监测，并根据监测的结果对可能出现的电路功能失效进行预测和报警。这种在线电路老化预测方法在电路执行实际工作负载的情况下监测电路老化的程度，其监测结果能够很好地反映电路的实际老化情况，从而可以在系统数据或状态因为电路老化而遭到破坏之前作出预警，提醒用户采取相应的保障措施。

本章将分别介绍基于时延监测原理和测量漏电变化原理的在线电路老化预测方法。具体来说，本章的第一部分将介绍在线电路老化预测和超速时延测试双功能的定时电路设计。通过抗 NBTI 效应导致的老化设计来最小化在线操作时定时电路自身的老化。同时利用反向的短沟道效应来提高定时电路相对于工艺偏差的健壮性。

本章第二部分将介绍通过在线测量电路静态漏电的变化来预测电路由于 NBTI 效应导致的老化方法。通过施加多个测量用向量建立路径漏电变化的方程组，求解方程组可以获得单个路径的漏电变化量，并据此预测电路的老化。

5.1　基于时延监测原理的在线电路老化预测方法

目前，大部分关于在线预测电路老化的研究工作都是基于时延监测原理。一些监测电路被插入到电路内部，在电路正常的功能操作时捕获电路的响应来实时监测电路中的通路由于老化而导致的时延变化。一旦老化导致的电路时延增加量超过了预先指定的阈值，监测电路便会产生报警信号，提醒用户采取措施以保证系统的正常工作。

另一方面，随着芯片的功能时钟频率达到千兆赫兹级，芯片的定时约束也越来越严格。在这种情况下，小时延缺陷(small delay defect, SDD)会对电路的可靠性带来严重威胁[90]。英特尔公司就曾经发现，当制造工艺由 0.25 μm 提高到 0.18 μm 后，由于阻抗桥接(resistance bridging)所导致的小时延缺陷的出现频率也随之上升[58]。然而，传统的基于跳变故障模型(transition fault model)的实速(at-speed)时延测试方法[91,92]通常倾向于敏化电路中较短的通路。由于短通路的定时余量相对于功能时钟周期来说较大，因此实速时延测试方法对于小时延缺陷的检测较为困难，故障覆盖率较低。

为了有效地检测芯片中存在的小时延缺陷，一些研究工作提出了超速时延测试方法[62-66]。通过在时延测试中采用高于芯片功能时钟频率的测试时钟来减小短通路的定时余量，从而提高时延测试对小时延缺陷的检测能力。

超速时延测试所需要的测试时钟通常由片上的可测试性电路(design-for-test,DFT)来提供。这些 DFT 电路只在制造测试中使用，而当芯片进入其服役期后就会被废弃掉。然而，正如前文提到的，出于保证电路在其服役期内可靠性的目的，仍然需要向芯片中插入一些 DFT 电路用以监测类似于老化效应这类原因而导致的电路功能失效。因此，如果能够将用于制造测试时的硬件电路复用于在线电路老化预测中来，整个针对缺陷或电路老化的可靠性设计工作的设计复杂度就可以大大减小。同时，也可以节省插入 DFT 电路所引入的总的面积开销。

我们注意到实现在线电路老化预测和超速时延测试有一个共同的要求：二者都需要提前于功能时钟捕获电路的响应。基于这个观测，本节将提出一个双功能的时钟信号生成电路(clocking circuit)设计，用以同时支持在线电路老化预测和制造测试时的超速时延测试[93]。提出的双功能电路将超速时延测试所使用的部分硬件电路复用到在线时延监测操作中，通过生成片上可编程(on-chip programmable)的时钟信号在指定的时间灵活地捕获电路的响应。

然而，设计这样一个双功能电路必须解决一些问题。一个是，制造测试时所使用的 DFT 电路原本不适合被复用到在线电路操作中。这是因为制造测试所用的 DFT 电路在芯片进入服役期后就会被丢弃，所以不需要考虑电路老化对于自身的影响。然而，当把这些电路复用到在线操作时，在 NBTI 效应导致的老化影响下，所生成的时钟信号会随着片上电路使用时间的推移而出现漂移(drift)。这会导致在线电路老化预测操作中用以捕获电路响应的捕获区间(capture interval)逐渐偏离其设计时指定的值,从而影响在线电路老化预测的准确性。

另外一个在双功能电路的设计中需要考虑的重要问题是,工艺偏差对于片上电路的负面影响。工艺偏差会导致双功能电路的一些功能参数与其设计时的指定值之间出现偏差,致使生成的片上时钟信号出现偏斜(skew),从而影响超速时延测试的测试效果或者在线电路老化预测的准确性。

本节提出的双功能电路设计则克服了电路老化和工艺偏差对于片上电路的影响,使得制造测试时所用的DFT电路可以被复用到在线操作中来。

5.1.1　双功能时钟信号生成电路

图5.1给出了本文提出的双功能时钟信号生成电路的框架图。双功能电路由几个模块组成。可编程时钟信号生成模块可以为超速时延测试提供激励(launch)和捕获(capture)时钟信号,或者为在线电路老化预测提供时钟信号,并使用这些时钟信号形成电路响应的捕获区间。工作模式选择模块和时钟信号选择模块则通过两个全局信号选择信号(SEL)和全局选择使能信号(GSEN)来控制,以便双功能电路在不同的工作模式间切换并且为不同的工作模式选择相应的时钟信号。AS表示老化传感器。它可以被嵌入到与组合电路相连接的触发器里。当组合电路输出的跳变信号出现在捕获区间内时,AS单元将产生一个报警信号,表示电路的老化已经超过了预先设定的阈值。图5.1中用十字交叉线填充的模块是可以在超速时延测试和在线电路老化预测中复用的电路。

GSEN和SEL信号在超速时延测试时由外部的ATE提供,并且可以在执行在线电路老化预测操作时进行复用。GSEN和SEL两个信号的不同组合所实现的控制功能见表5.1。需要注意当图5.1中的组合电路执行功能操作时,双功能电路处于空闲(idle)模式。在空闲模式里,双功能电路仅仅将系统功能时钟送入系统时钟树,同时自身进入抗NBTI老化状态。

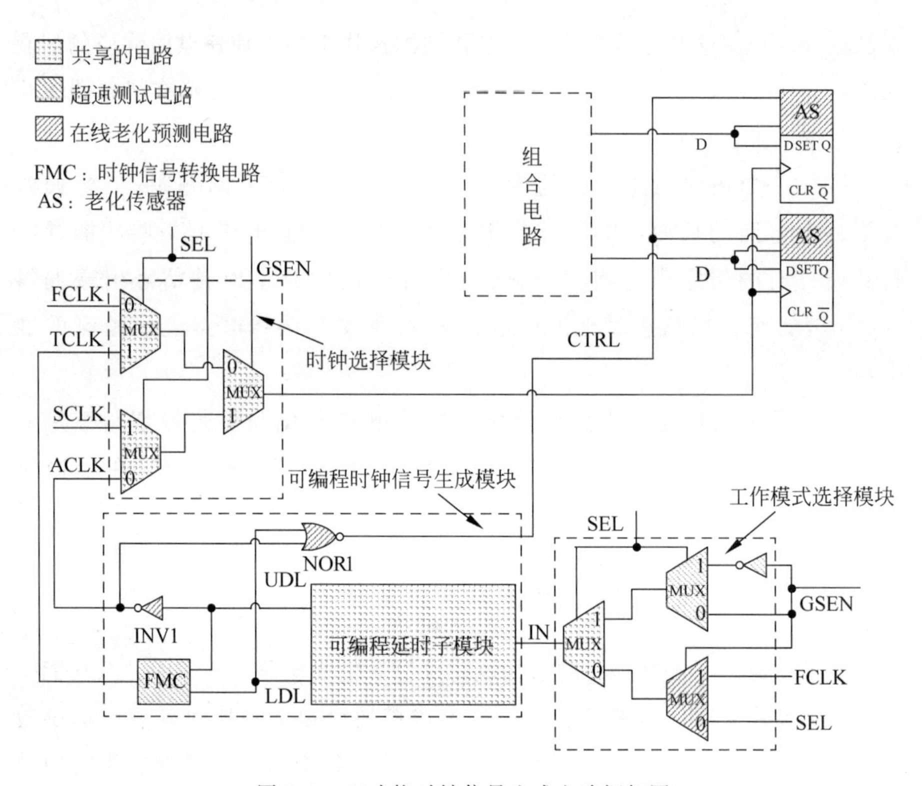

图 5.1　双功能时钟信号生成电路框架图

表 5.1　GSEN 和 SEL 信号实现的控制功能

工作模式	控制信号		控制功能
	GSEN	SEL	
超速时延测试	1	1	测试向量扫入、扫出
	0	1	激励、捕获
在线电路老化预测	1	0	提前捕获电路响应
空闲	0	0	传递功能时钟

1. 可编程时钟信号的生成

可编程时钟信号是由可编程时钟信号生成模块产生的。可编程时钟信号生成模块中的可编程延时子模块生成两个下跳变信号上延时线(UDL)和下延时线(LDL)，这两个下跳变信号又被进一步地转换为可以用于超速时延测试或在线电路老化预测操作中的时钟信号。超速时延测试所用的测试时钟频率或在线电路老化预测所用的捕获区间大小则由可编程延时子模块中打开的时延级(即时延级内部的延时元素导通)来决定。

图 5.2 给出了可编程延时子模块的示意图。它分为上延时(用 UDP 表示)和下延时(用 LDP 表示)两个模块。每个延时模块分别包括多个时延级(delay stage,用 DU_i 和 DL_i 表示),而每个时延级包括一个或多个延时元素(delay element)。上延时模块中的时延级的数目要多于下延时模块中时延级的数目。在双功能电路操作中,任何时候上延时模块产生的延时信号都早于下延时模块产生的延时信号。假设上、下延时模块中包含的时延级数目分别为 m 和 n,打开的时延级数目分别为 p 和 q;上、下延时模块中单个延时元素的传播时延分别为 TP_{U} 和 TP_{L},则上、下延时模块产生的信号之间的时延差 D_{R} 可以表示为

$$D_{\mathrm{R}} = \sum_{i=1}^{q} TP_{\mathrm{L}(i)} - \sum_{j=1}^{p} TP_{\mathrm{U}(j)} \quad (1 \leqslant p \leqslant m,\quad 1 \leqslant q \leqslant n) \tag{5.1}$$

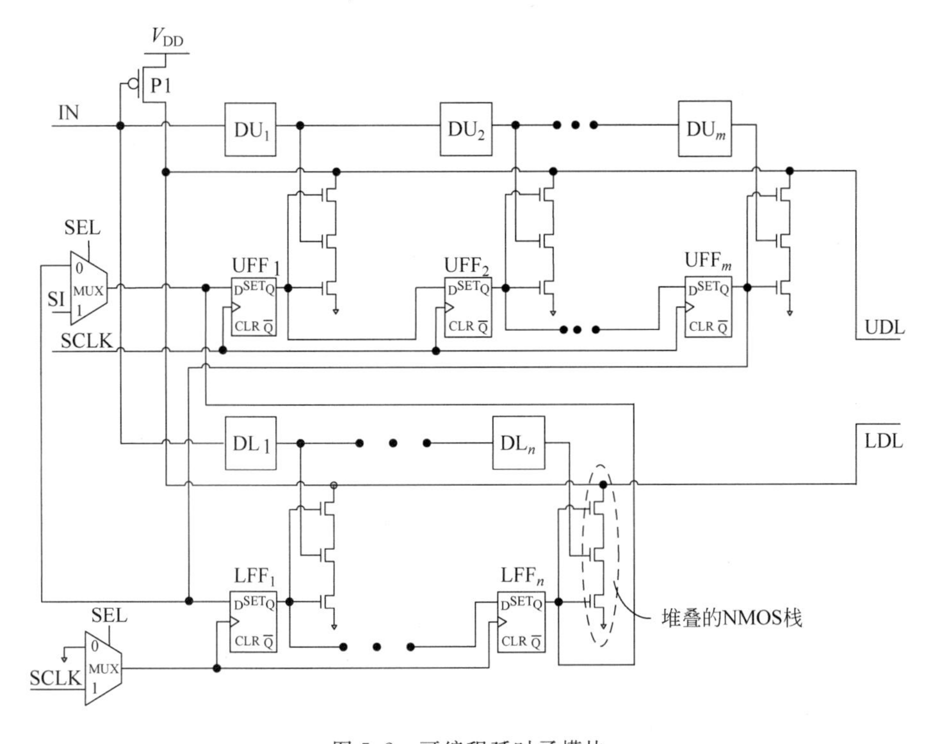

图 5.2　可编程延时子模块

如图 5.2 所示,当可编程延时子模块的触发信号 IN 保持为低电平时,控制用 PMOS 晶体管 P1 导通,而上、下延时模块中所有的 NMOS 栈中间那个

NMOS 晶体管处于关断状态。这时，UDL 和 LDL 信号保持为高电平。当触发信号 IN 由低电平翻转为高电平后，P1 关断。这时，如果上、下延时模块中各有一个可扫描触发器(用 UFF_i 和 LFF_i 表示)输出高电平信号，则与之相连接的 NMOS 栈中的所有 NMOS 晶体管就会全部导通。这时，UDL 和 LDL 信号就会由高电平翻转为低电平，即产生一个下跳变信号。很明显，一个事先设定好的控制向量可以被扫描到可编程延时子模块中的可扫描触发器中以决定上、下延时模块中哪个 NMOS 栈导通。换句话说，也就决定了上、下延时模块中打开的时延级的数目并影响到 UDL 和 LDL 信号的时序。

上、下延时模块中的可扫描触发器被组织成一个环形移位寄存器(circular shift register, CSR)。一个采用 two-hot 编码格式的控制向量可以在扫描时钟(SCLK)的控制下被扫入环形移位寄存器中，以控制上、下延时模块中打开的时延级的数目。这里，two-hot 编码定义为在一串二进制的编码中，只有两位是 1 而其他所有位均为 0。根据 two-hot 编码中 1 所处的位置，上、下延时模块中打开的时延级的数目可以相同(超速时延测试模式)，也可以不同(在线电路老化预测模式)。

2. 在线电路老化预测模式

当组合电路执行功能操作，即双功能电路处于空闲模式时，GSEN 和 SEL 信号都保持为低电平。功能时钟(FCLK)通过时钟信号选择模块被送到与组合电路相连接的触发器的时钟输入端来维持组合电路正常的功能操作。当需要双功能电路开始执行在线电路老化预测操作时，SEL 保持低电平不变，而 GSEN 由低电平翻转为高电平。这将会触发可编程延时子模块的触发信号 IN 产生一个上跳变信号，并导致 UDL 和 LDL 信号产生下跳变。UDL 上的下跳变信号通过反相器 INV1(图 5.1)翻转，并作为功能时钟 FCLK 的替代信号，由时钟信号选择模块送到与组合电路相连接的触发器中。而 LDL 信号则与翻转后的 UDL 信号通过或非门 NOR1(图 5.1)进行或非操作，用以生成一个控制信号(CTRL)。CTRL 信号被送入老化传感器中，用以形成在线电路老化预测所需要的捕获区间。

双功能电路里老化传感器的结构如图 5.3 所示。老化传感器的主体包括 6 个晶体管，而文献[44]中老化传感器的主体需要 8 个晶体管。如果组合电路的输出跳变信号(图 5.1 中的 D)落在捕获区间内，老化传感器就会产生一个报警信号。图 5.4 给出了老化传感器工作时的时序波形示意图。当 LDL 信号保持高电平时，CTRL 保持在低电平。这时，老化传感器中的 PMOS 晶体管 P1 和 P2 导通，这种情况下，不管组合电路的输出信号是否产生跳变，报警信号 ALERT 都会始终保持为低电平。当 LDL 信号由高电平翻转为低电平时，CTRL 信号会由低电平翻转为高电平，从而关断晶体管 P1 和 P2，并使晶体管 N3 和 N4 导通。在 CRTL 信号保持为高电平期间(即捕获区间)，当且仅当组合电路的输出信号产生跳变，ALERT 信号才会由低电平翻转为高电平。

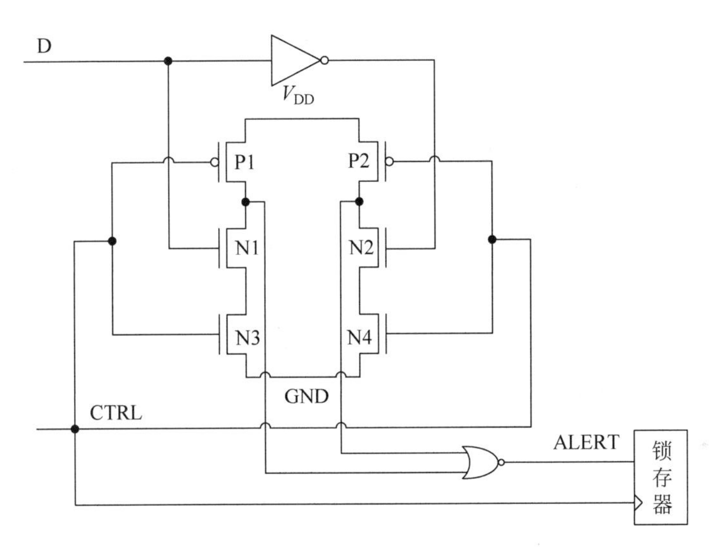

图 5.3　老化传感器结构图

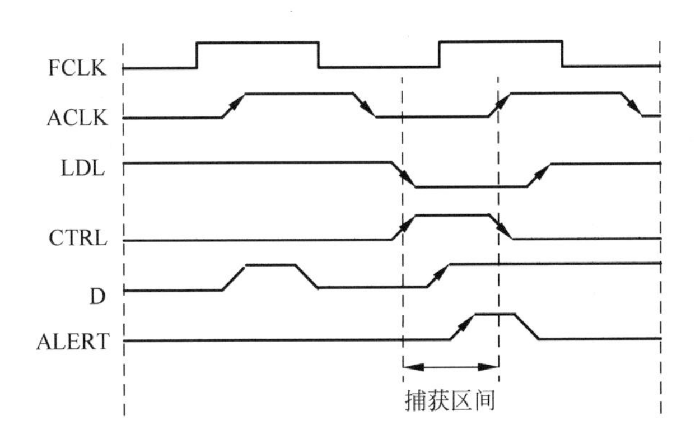

图 5.4　老化传感器的时序波形示意图

当双功能电路处于在线电路老化预测模式时，SEL 保持为低电平，阻止扫描时钟 SCLK 被施加到下延时模块中的可扫描触发器中（图 5.2）。同时将上延时模块中的可扫描触发器组织成一个新的环形移位寄存器。而位于上延时模块里可扫描触发器中先前被扫入的 two-hot 编码，仍然可以在 SCLK 信号的控制下在新的环形移位寄存器中进行移位操作，改变上延时模块中打开的时延级的数目，从而动态地改变在线电路老化预测的捕获区间大小。

3. 抗 NBTI 老化的设计考虑

双功能电路执行在线电路老化预测的操作时会不可避免地遭受 NBTI 效应导致的老化影响。不过，由于电路的老化是一个较为缓慢的过程，因此不需要在电路的整个功能操作期间不间断地对其进行监测。正如文献[44]所提到的，即使从最保守的角度出发，用于执行在线电路老化预测操作的时间也只占整个电路操作时间的 10%。每一次执行老化预测操作的时间也不过几十或几百秒，随后双功能电路就会重新进入空闲模式。因此，双功能电路在执行老化预测操作时由于 NBTI 效应导致的老化并不严重，而真正需要考虑的是双功能电路处于较长的空闲模式时间内的老化。所以，在设计双功能电路时，重点考虑其处于空闲模式时自身抗 NBTI 老化的能力。

对于老化传感器来说，由于每一次老化预测操作开始时 P1 和 P2 已经处于关断状态，因此 NBTI 效应对晶体管 P1 和 P2 造成的老化不会影响到老化传感器产生报警信号的操作。再来看其他用于在线操作的电路。图 5.1 中的反相器 INV1 在双功能电路处于空闲模式时不会经受 NBTI 效应。这是因为 INV1 的输入信号（即 UDL）在整个空闲模式期间保持高电平。而对于或非门 NOR1，由于其内部串联的 PMOS 晶体管最上面的那个 PMOS 的输入连接的是 LDL 信号，而 LDL 同 UDL 一样也在整个空闲模式期间保持高电平。所以，由于晶体管堆叠效应，不管 NOR1 中其他的 PMOS 晶体管的输入信号是否为低电平，NOR1 都不会经受 NBTI 效应导致的老化。

图 5.5 给出了可编程延时子模块中具备抗 NBTI 老化能力的延时元素的结构图。延时元素的主体是串联的两个反相器。除此之外，两个额外的 PMOS 晶体管 CP1 和 CP2，以及 NMOS 晶体管 CN1 和 CN2 被插入到反相器中，并且由一个统一的控制信号 CNTL 进行控制。CNTL 信号可以通过对 GSEN 和 SEL 信号进行或非操作得到。当双功能电路处于非空闲模式时，

CNTL 保持低电平。这时 CP1 和 CP2 导通，而 CN1 和 CN2 关断。这种情况下，延时元素就像传统的延时缓冲器（delay buffer）一样进行工作。当双功能电路处于空闲模式时，CNTL 信号翻转为高电平，使得 CP1 和 CP2 关断而 CN1 和 CN2 导通。这会导致节点 k 和 OUT 保持低电平，造成延时元素中的四个 PMOS 晶体管（CP1、CP2、P1 和 P2）栅源之间的电压保持为 0，即 $V_{gs}=0$，从而避免 NBTI 效应作用于这四个 PMOS 晶体管。

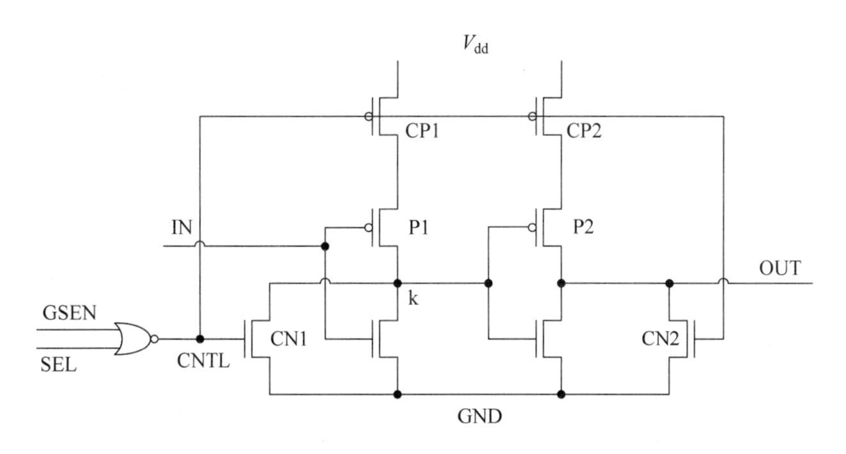

图 5.5　延时元素结构图

除了延时元素，图 5.2 中控制用 PMOS 晶体管 P1 也会在双功能电路执行在线操作时经受 NBTI 效应导致的老化。不过，由于在每一次可编程延时子模块生成 UDL 和 LDL 信号之前 P1 都已经关断，因此，P1 由于 NBTI 效应导致的老化不会影响 UDL 和 LDL 信号的时序。

4. 超速时延测试模式

超速时延测试包括两种工作模式：测试向量的扫入和测试响应的扫出，以及组合电路跳变的激励和响应的捕获。当需要扫入测试向量或扫出测试响应时，GSEN 和 SEL 信号都保持为高电平。这时扫描时钟 SCLK 可以通过时钟信号选择模块被送到与组合模块相连接的可扫描触发器中。当 GSEN 翻转为低电平而 SEL 保持为高电平时，可编程延时子模块会生成两个下跳变信号 UDL 和 LDL。这两个下跳变信号会通过图 5.1 中的可编程延时模块（FMC）单元转换为用于超速时延测试所需的电路响应的激励和捕获信号。FMC 单元结构以及工作时的时序波形示意图如图 5.6 所示。由于 FMC 单元只用在超速时延测试中而不需要执行在线操作，因此它并不需要具备抗NBTI老化的能力。

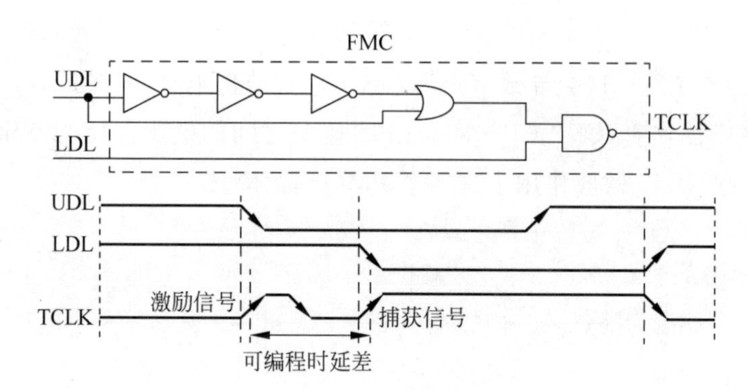

图 5.6　FMC 单元结构和时序波形示意图

5.1.2　抗工艺偏差影响的设计考虑

在设计双功能电路时，本文借助反向短沟道效应(reversed short channel effect，RSCE)来减小双功能电路对于工艺偏差影响的敏感度，进而减小双功能电路所生成的时钟信号由于工艺偏差影响而出现的偏斜。借助 RSCE 来减小工艺偏差对于电路时延的影响首先是由文献[94]提出的。如图 5.7 所示，在较先进的集成电路工艺中(0.18 μm 或更先进的工艺)，制造出来的晶体管的阈值电压会随着沟道长度的减小而增加。因此，在 RSCE 范围内，制造出的晶体管其阈值电压会随着沟道长度的增加而减小。

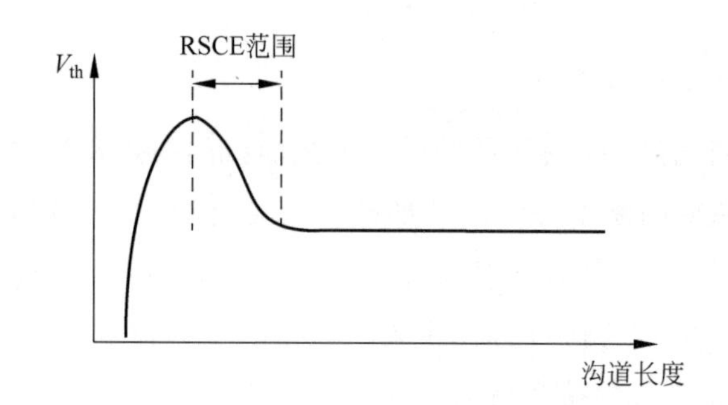

图 5.7　晶体管的反向短沟道效应

如果在电路设计时将晶体管的沟道长度设定在 RSCE 范围内，则可以大大地减小电路时延对于工艺偏差影响的敏感度。例如，反相器的传播时延 T_P

可以表示为

$$T_P = \frac{V_{dd} \cdot C_{gate}}{K_n \cdot (V_{dd} - V_{tn})^2 + K_p \cdot (V_{dd} - V_{tp})^2} \tag{5.2}$$

式(5.2)中,V_{dd}表示供电电压,C_{gate}表示门电容,V_{tn}和V_{tp}分别表示NMOS和PMOS晶体管的阈值电压,K_n和K_p则分别表示NMOS和PMOS晶体管的增益因子。

当制造后晶体管的沟道长度落入RSCE范围内,随着沟道长度减小,式(5.2)中的门平方驱动电压$(V_{dd}-V_{tn})^2$和$(V_{dd}-V_{tp})^2$减小而增益因子K_n和K_p增大。正是因为随着沟道长度的变化,门的驱动电压和增益因子总是向着相反的方向变化,所以门的传播时延相对于工艺偏差影响的敏感度也大大减小了。

按照上面讨论的内容,在设计双功能电路时可以将晶体管沟道长度的设计尺寸限定于RSCE范围内,以减小工艺偏差对双功能电路的负面影响。

5.1.3 实验及结果分析

提出的双功能电路通过HSPICE仿真来进行验证。仿真中采用PTM 65 nm晶体管模型和HSPICE中的EPFL-EKV模型(用于RSCE仿真)。芯片的功能时钟频率假定为1 GHz。

表5.2给出了可编程延时子模块的配置情况。上、下延时模块各包括6个和4个时延级。超速时延测试所用到的测试时钟周期是由上、下延时模块前4个时延级的传播时延差来决定的。而在线电路老化预测中用到的捕获区间大小则由上延时模块中3到6时延级和下延时模块中第4时延级的传播时延差来决定的。

表5.2 可编程延时子模块的配置情况

	每个时延级的传播时延/ps					
	1th	2th	3th	4th	5th	6th
UDP	30	60	90	120	150	180
TC	120	240	480	960	N/A	N/A
BCI	N/A	N/A	990	960	930	900
CI	N/A	N/A	10	40	70	100
LDP	150	300	570	1080	N/A	N/A

th:时延模块中包含的时延级。

TC:测试时钟周期;BCI:捕获区间边界;CI:捕获区间。

超速时延测试所使用的测试时钟频率一般为芯片功能时钟频率的 2 倍到 4 倍。这是因为过高的测试时钟频率会导致较高的测试功耗，从而影响测试的可靠性。因此，本文中将超速时延测试的最小测试时钟周期设为 120 ps。实际上，通过进一步减小上、下两个延时模块的传播时延差可以实现更小的测试时钟周期，也即更高的测试时钟频率。

假定芯片的定时余量设为功能时钟周期的 10%，即 100 ps。本文一共可以为在线电路老化预测操作实现 4 种不同的捕获区间(表 5.2 中的 CI)。

1. 双功能电路的应用

首先来看双功能时钟信号生成电路应用到在线电路老化预测操作的情况。图 5.8 给出了双功能电路执行在线电路老化预测时由 HSPICE 仿真获得的波形图。老化预测操作中的捕获区间大小设为 70 ps，即捕获区间边界设为 930 ps。由图 5.8 可以看出，当组合电路输出的两个跳变信号落在捕获区间范围外时，老化传感器的报警信号 ALERT 始终保持为低电平。而当组合电路输出的第三个跳变信号落在捕获区间范围内时，ALERT 信号产生一个上跳变信号用以对用户报警。

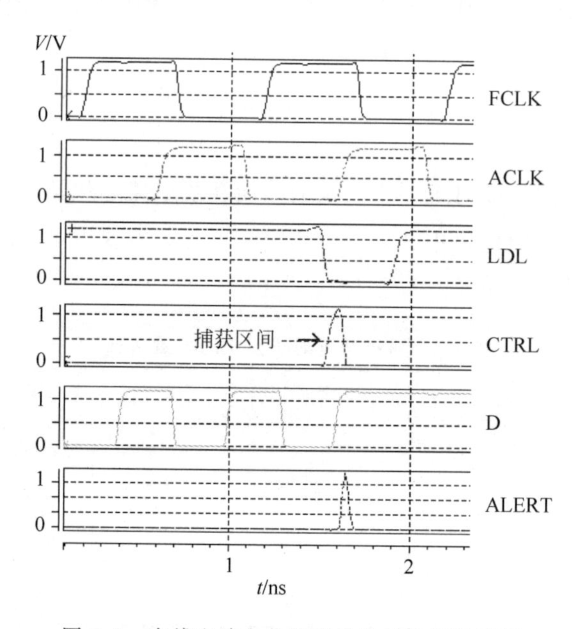

图 5.8　在线电路老化预测操作的仿真波形图

接着来看双功能电路在超速时延测试中的应用。本文采用文献[61]提出的最后跳变生成电路(last transition generation，LTG)用来在超速时延测试时支持激励后捕获(launch-off-capture，LOC)和激励后移位(launch-off-shift，LOS)两种工作模式[60]。LTG电路可以被嵌入到电路中的扫描链里并且提供一个快速的局部扫描使能信号(LSEN)，从而放宽超速时延测试对于全局扫描使能信号苛刻的时序要求。

图5.9给出了双功能电路执行超速时延测试时实现LOS模式的HSPICE仿真波形图。因为同实现LOS模式相比，双功能电路在实现LOC模式时只需要异步复位LSEN信号，因此实现LOC模式的波形图与实现LOS模式的波形图相比差异很小。所以这里就不再给出双功能电路实现LOC模式的仿真波形图了。

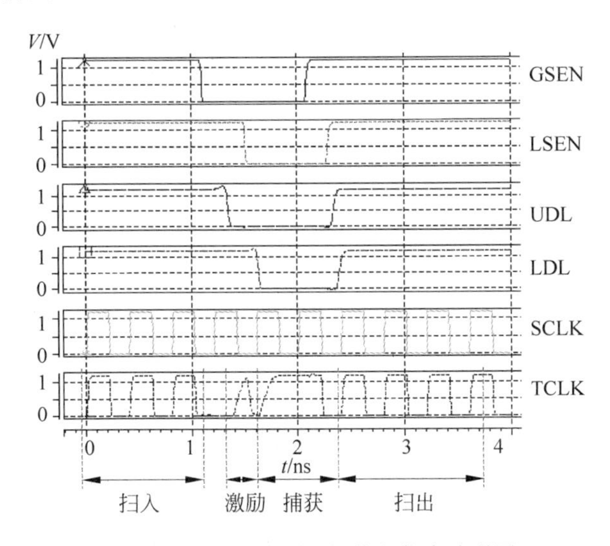

图5.9　超速时延测试操作的仿真波形图

在仿真中，测试时钟的周期设为250 ps，如图5.9所示，在测试向量扫入阶段，双功能电路在扫描时钟SCLK的控制下将测试向量移入扫描链中。GSEN信号翻转为低电平，并触发可编程延时子模块生成电路响应的激励和捕获信号。在电路响应被激发后，LSEN信号快速地翻转为低电平，将被测电路(组合电路)由测试向量扫入模式转变为功能操作模式。当电路的响应被捕获后，LSEN信号重新翻转为高电平。这时，SCLK信号又可以重新被施加到扫描链上用以将测试响应移出扫描链。

2. 双功能电路抗工艺偏差能力

前面提到过，本文是在设计双功能电路时通过将晶体管的设计尺寸限定在 RSCE 范围内来提高双功能电路抗工艺偏差影响的能力。因此，本节首先为双功能电路识别 RSCE 范围内的最佳晶体管设计尺寸。

本文通过 HSPICE 仿真来识别 NMOS 和 PMOS 晶体管在 65 nm 工艺下的 RSCE 范围。仿真中，通过将晶体管的沟道长度从 1 倍(用 scale＝1 表示)基准长度(即 65 nm)变为 16 倍(用 scale＝16 表示)基准长度，来观察其阈值电压的变化。仿真的结果如图 5.10 所示。可以看出，在 65 nm 工艺下，NMOS 和 PMOS 晶体管的 RSCE 范围都是从 1.4 倍基准长度延伸到 6 倍基准长度。

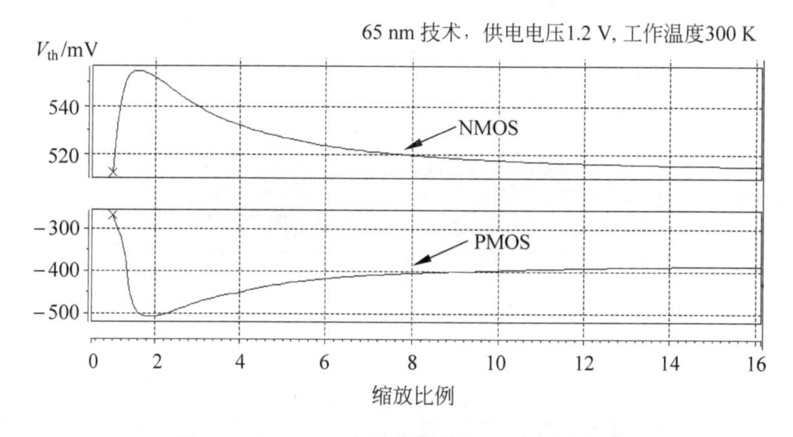

图 5.10　65 nm 工艺下晶体管的 RSCE 范围

接着，为了识别 RSCE 范围内最佳的晶体管设计尺寸，本文采用 HSPICE 蒙特卡罗模拟来评估可编程延时子模块中延时元素的传播时延在 RSCE 范围内的偏差情况。延时元素分为三种，传播时延分别为 30 ps、60 ps 和 90 ps。蒙特卡罗模拟中，由工艺偏差导致的参数偏差假定来自于晶体管的沟道长度，标准方差假定为额定值的 10%。仿真的结果如图 5.11 所示。

由图 5.11 可以看出，在 RSCE 范围内，当晶体管的沟道长度取 5 倍、1.8 倍和 2 倍的基准长度时，三种延时元素传播时延的偏差最小。然而，对于传播时延为 30 ps 的延时元素来说，设计沟道长度取 5 倍的基准长度会造成较大的面积开销(假定晶体管的宽长比 W/L 为 10)。因此，从较为保守的角度假定在工艺偏差的影响下，晶体管沟道长度3倍的标准方差（3σ）为其额定值的45%，同时为了最小化面积开销，通过观察图5.10，本文取130 nm作为双功能电路的晶体管沟道长度的设计尺寸（即2倍的基准长度）。

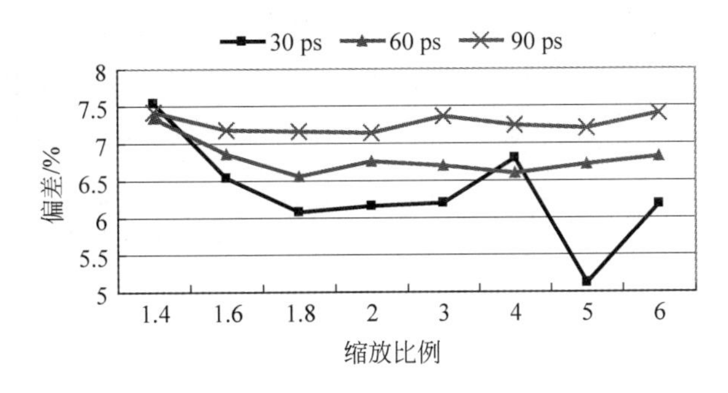

图5.11 RSCE范围内延时元素传播时延的偏差

当然，本文是通过HSPICE仿真来识别晶体管的RSCE范围的。而在实际工艺下，晶体管的RSCE范围可能与本文的仿真结果存在差异。但需要说明的是，这种差异不会影响到本文采用RSCE来减小工艺偏差对于电路时延影响的方法的正确性。在实际的芯片设计中，设计者只需要从集成电路制造商那里获得相应的关于RSCE范围的数据即可。

接下来看看从RSCE范围内选取了晶体管沟道长度的最佳设计尺寸后，对于提高双功能电路抗工艺偏差影响能力的效果。首先来看在工艺偏差的影响下，双功能电路执行在线电路老化预测操作时捕获区间出现的偏差情况。

本文分别实现了两个版本的双功能电路设计用以执行在线电路老化预测的操作。在这两个设计版本中，晶体管的设计沟道长度分别从RSCE范围内（130 nm）和范围外（65 nm）选取。同时，PMOS和NMOS晶体管的宽长比分别设为10和5。接着采用HSPICE蒙特卡罗模拟来获得捕获区间在工艺偏差影响下的偏差分布情况。对于这两个设计版本，HSPICE蒙特卡罗模拟分别执行250次。为了更清楚地展示捕获区间的偏差分布情况，模拟结果用捕获区间边界的偏差分布来表示捕获区间的偏差分布。额定捕获区间边界设为930 ps。晶体管沟道长度的标准方差设为额定值的15%，并进一步划分为5%的全局片间偏差和10%的局部片内偏差。HSPICE蒙特卡罗模拟的模拟结果如图5.12所示。

如图5.12所示，通过从RSCE范围内选取双功能电路的晶体管沟道长度的设计尺寸，捕获区间边界在工艺偏差影响下的偏差分布被大大减小了。由图 5.12(a)的子图及相应的拟合的高斯分布曲线可以看出，绝大多数捕获区间边界的采样值都紧紧地环绕在 930 ps 附近。与之相反，图 5.12(b)的子图及相应的拟合的高斯分布曲线则表明当晶体管沟道长度的设计尺寸从 RSCE 范围之外选取时，采样的捕获区间边界的偏差分布较宽。也就是说工艺偏差对这个设计版本的影响较大。

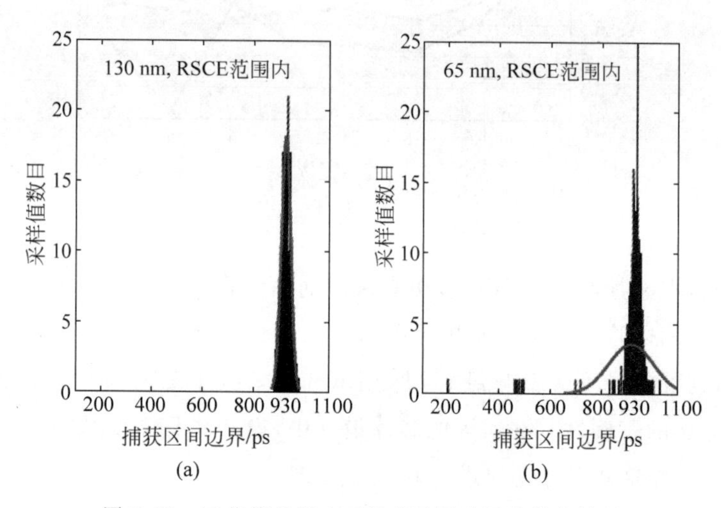

图 5.12　工艺偏差影响下捕获区间边界的分布情况

文献[44]中，在假定 3 倍标准方差为额定值的 30%的情况下，保护区间边界(即本文中的捕获区间边界)在工艺偏差影响下的最大偏差达到了 11.4%。而本文通过在 RSCE 范围内选择晶体管沟道长度的设计尺寸，虽然 3 倍标准方差设为额定值的 45%，捕获区间边界的最大偏差也只有 5.6%。因此，很明显，从 RSCE 范围内选取晶体管沟道长度的设计尺寸大大提高了双功能电路抗工艺偏差影响的能力。

通过从 RSCE 范围内选择晶体管沟道长度的设计尺寸，提出的双功能电路在执行超速时延测试时由于工艺偏差而出现的时钟偏斜也被大大减小了。表 5.3 给出了两个版本的双功能电路在执行超速时延测试时所用的测试时钟的时钟周期在工艺偏差影响下的分布情况。在这两个版本的双功能电路设计里，晶体管沟道长度的设计尺寸仍然分别从 RSCE 范围内(130 nm)和范围外(65 nm)选取。工艺偏差导致的晶体管沟道长度偏差分布仍然与上面假设的情况相同。

由表 5.3 中的数据可以看出，从 RSCE 范围内选取晶体管沟道长度的设计尺寸后，测试时钟周期偏差分布的标准方差（1σ）和平均偏差都远远小于没有从 RSCE 范围内选取晶体管沟道长度设计尺寸的版本。另外，随着测试时钟周期的变大，偏差开始减小。这是因为双功能电路为了实现大的测试时钟周期需要打开更多的时延级。这种情况下，各个时延级的随机偏差相互之间会部分抵消，从而减小了总的偏差。由表示平均偏差（表 5.3 中的 AD）的数据可以看出，从 RSCE 范围内选取晶体管沟道长度设计尺寸后，测试时钟周期采样的均值与额定值之间的误差非常小。而没有从 RSCE 范围内选取晶体管沟道长度设计尺寸的双功能电路版本，其测试时钟周期采样的均值同额定值之间的误差非常大。

表 5.3 测试时钟周期在工艺偏差影响下的分布

	RSCE 范围内（130 nm）								RSCE 范围外（65 nm）							
norm	960	%	480	%	240	%	120	%	960	%	480	%	240	%	120	%
mean	964.93		479.06		239.24		118.5		924.64		462.3		236.29		113.67	
1σ	15.76	1.63	11.18	2.33	8.67	3.62	5.76	4.86	201.48	21.79	80.07	17.32	151.34	64.05	54.79	48.2
AD	12.13	1.26	9.11	1.90	7.26	3.03	4.67	3.94	83.51	9.03	40.54	8.77	44	18.62	30.27	26.6

norm：额定时钟周期；mean：采样时钟周期的均值；%：占均值的百分比；AD：平均偏差。

3. 双功能电路抗 NBTI 老化的能力

前面提到过，虽然双功能电路执行在线电路老化预测操作期间不能够避免 NBTI 效应导致的老化，但在空闲模式期间却具备抗 NBTI 老化的能力。图 5.13 给出了双功能电路在经过 10 年芯片服役期后捕获区间边界由于老化而导致的漂移情况。捕获区间边界的漂移是采用 HSPICE 仿真中的 MOSRA 分析方法获得的。双功能电路执行在线电路老化预测操作的时间假定为整个芯片服役期的 10%。初始的捕获区间边界设为 930 ps，电路的平均工作温度设为 375 K。另外，除了提出的双功能电路，本文还实现了另外一个版本的双功能电路设计。在这个版本中，原来可编程延时子模块中的延时元素采用传统的延时缓冲器来替代（本文称这个版本的设计为传统设计）。也就是说，基于传统设计的双功能电路不具备抗 NBTI 老化能力。在相同的工作条件下，基于传统设计的版本捕获区间边界的漂移情况同样列于图 5.13 中。

由图 5.13 可以看出，本文提出的双功能电路经过 10 年的使用时间后，其捕获区间边界在 NBTI 效应影响下的漂移只有 30 ps，而采用传统延时缓冲器

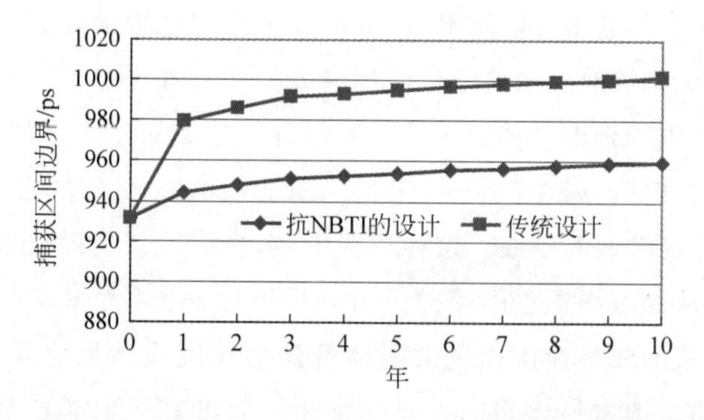

图 5.13 捕获区间边界由于 NBTI 效应导致的漂移

版本的双功能电路捕获区间边界的漂移达到了 70 ps。对基于传统设计的双功能电路来说,其捕获区间边界的漂移甚至超过了功能时钟的触发边沿,从而会导致老化传感器失效。由此可见,本文提出的双功能电路具有较好的抗 NBTI 老化的能力。

由于双功能电路执行在线电路老化预测操作时的老化不可避免,因此,文献[44]所提出的老化预测电路的预测精度将会随着电路使用时间的增加而逐渐降低。这是因为文献[44]提出的老化预测电路的捕获区间在芯片制造后不能够调整,从而会随着使用时间的增加而出现漂移。而本文提出的双功能电路设计能够动态调整捕获区间的大小以补偿捕获区间的漂移。例如,根据图 5.13 中的数据,如果本文提出的双功能电路其捕获区间的边界在 NBTI 效应下产生了 30 ps 的漂移,则可以将捕获区间的边界向回调整 30 ps,即将捕获区间边界设为 900 ps。这样就保证了实际的捕获区间仍然是 70 ps。这种自调整能力进一步增强了本文提出的双功能电路的抗老化能力。

4. 开销评估和比较

这里来评估面积开销。一个重要的问题是确定多少个老化传感器需要被嵌入到原来电路中的触发器里。在假定 10 年 NBTI 效应会导致通路时延增加 20%的情况下,采用统计时序分析来获得电路中通路的时延分布。如果某个触发器所有的扇入通路中有一条通路的定时余量($\mu+\sigma$)小于 20%,则认为这个触发器需要被插入老化传感器来监测其扇入通路的时延变化。最后为每个识别出的触发器嵌入一个老化传感器。

为了评估面积开销,本文提出的双功能电路被集成到几个大的 ISCAS'89

电路中。另外，出于比较的目的，我们分别实现了文献[65]提出的超速时延测试电路和文献[44]提出的在线电路老化预测电路，并将它们也集成到相同的 ISCAS'89 电路中(本文称之为[65]+[44]电路)。本文提出的双功能电路与[65]+[44]电路实现相同的测试时钟频率以及捕获区间。另外，根据是否在多个稳定性校验器[44](stability checker)之间共享延时元素，[65]+[44]电路又分别有两个实现版本：[65]+[44]：1 电路和[65]+[44]：2 电路。在[65]+[44]：1 电路中，每个延时元素只对应一个稳定性校验器；而在[65]+[44]：2 电路中，按照文献[44]所做的那样，在 4 个稳定性校验器间共享一个延时元素。最后，集成后的电路所引入的面积开销通过 ABC[95]，一个 U. C. Berkeley 发布的综合工具来评估。

经过 ABC 评估后的面积开销列于表 5.4 中，表中第二列给出了经过时序分析后确定的需要插入到电路中的老化传感器数目，第三列到第五列给出了三种电路的面积开销。从表中的数据可以看出，对所有三个 ISCAS'89 电路，本文提出的双功能电路所引入的面积开销最小。虽然通过在多个稳定性校验器间共享延时元素使得[65]+[44]：2 电路的面积开销小于[65]+[44]：1 电路的，但其面积开销仍将近于本文提出的双功能电路所引入面积开销的 2 倍。这也说明了，通过将制造测试时所用的 DFT 电路复用到在线操作中，可以节省 DFT 电路设计总的面积开销。

表 5.4　面积开销和功耗开销

电路	AS	面积开销/%			功耗开销/%		
		本文	[65]+[44]：1	[65]+[44]：2	本文	[65]+[44]：1	[65]+[44]：2
s38584	294	1.16	6.83	3.29	1.1	0.8	0.6
s38417	302	2.41	8.91	4.66	1.3	1.1	0.7
s35932	327	2.23	8.65	4.21	1.5	1.3	1

表 5.4 中第六列到第八列给出了通过 HSPICE 仿真评估出的三种电路执行在线电路老化预测操作时的平均功耗开销。仿真中假定所有嵌入到电路中的老化传感器同时进行工作。电路执行在线电路老化预测的操作时间假定为整个芯片服役期(10 年)的 10%。

从第六列到第八列的数据可以看出，本文提出的双功能电路执行在线电路老化预测操作时的平均功耗开销略高于[65]+[44]电路。这是因为在线电路老化预测操作时的功耗主要是由延时子模块中传播的跳变信号引起的。由于在本文提出的双功能电路中跳变信号传播的时延级数目大于[65]+[44]电路,因此功耗也较高一些。尽管如此,由表5.4中的数据可以看出,本文提出的双功能电路执行在线电路老化预测操作时的平均功耗仍然可以忽略不计。

因为插入老化传感器会增加通路的电容负载,所以在向电路中的触发器里插入老化传感器会给电路正常的功能操作带来一定的性能开销。类似于文献[44]的做法,本文评估性能开销的方法是通过HSPICE仿真来比较老化传感器插入前和插入后单通路的时延变化。仿真结果显示,性能开销小于0.5%。

5.1.4 本节小结

本节提出一个双功能的时钟信号生成电路设计,用以同时支持在线电路老化预测和超速时延测试。抗NBTI老化设计方法大大减少了双功能电路由于老化而导致的捕获区间漂移,从而可以将制造测试所用的DFT电路复用到在线操作上来。同时,双功能电路借助于RSCE来确定最佳的晶体管沟道长度设计尺寸,从而大大减小了工艺偏差影响下双功能电路生成的时钟信号的偏斜。

5.2 基于测量漏电变化原理的在线电路老化预测方法

已有的一些在线电路老化预测方法,包括5.1节提出的双功能定时电路设计,都是基于时延监测原理。这种基于时延监测原理的老化预测方法的一个优势是能够在电路执行工作负载的功能操作期间实时监测路径时延的变化,并根据监测的时延变化预测电路的老化程度。然而,基于时延监测原理的老化预测方法也面临着一些挑战。其中最主要的就是电路在执行功能操作时所产生的噪声可能会导致老化传感器作出错误的报警。这些实时(runtime)噪声包括供电(power)/感应(inductive)噪声[96-99]以及电路中的串扰噪声(cross Talk)[100,101]等。随着制造工艺的不断进步,晶体管特征尺寸的不断缩小,电路中的实时噪声也越来越严重。文献[102]报道过在45 nm工艺技术下，一个幅值为0.1 V的供电噪声就可以导致反相器的时延出现80%的偏差。而文献[103]对POWER6处理器所作的噪声分析表明，由于感应噪声所导致的电路时延偏差可以达到17%。因此，在如此严重的噪声影响下，即使一些非关键路径的时延偏差也会超过老化传感器的报警阈值，从而被误认为是由于电路老化造成的结果。

另一方面，基于时延监测原理的老化预测方法一般都是通过片上DFT电路来实现的。而工艺偏差则会影响DFT电路的工作参数，降低老化预测的精度。虽然借助RSCE在减少工艺偏差对定时电路的影响方面取得了较好的效果，但毕竟无法完全消除工艺偏差造成的时钟偏斜。

此外，基于时延监测原理的老化预测方法中，为了在考虑工艺偏差的情况下覆盖所有的工艺拐点，电路时序分析不得不识别出更多潜在的关键路径。这会导致插入到电路中的老化传感器的数目也大幅增加，从而引入较大的设计开销。

为了克服基于时延监测原理的老化预测方法所存在的缺陷，一些研究者开始寻求采用其他途径来实现在线电路老化预测。一个有趣的现象是PMOS晶体管的阈值电压由于NBTI效应会随操作时间的变化而不断增加，可门的静态漏电(主要是亚阈值漏电)却相应地减小。基于上面这个有趣的观测，文献[104]首先提出了通过测量芯片的静态漏电变化来预测电路由于NBTI效应导致的老化，他们通过测量实验芯片上的一个反相器链的漏电变化发现，在NBTI效应下，静态漏电变化与时延变化之间存在紧密的相关性。

与监测时延变化的方法不同，测量漏电变化可以在电路处于空闲时通过独立的测试模式来实现[105]。因而可以避免实时噪声对于测量结果的影响。同时，静态漏电测量技术(IDDQ)也较为成熟，因而实现复杂度较低。

然而，如果只是简单地测量全芯片的漏电变化，无法保证测量得到的漏电变化能够很好地反映出电路时延的增加情况。这是因为测量得到的全芯片漏电变化量，绝大部分来自于非关键路径上的漏电变化量(本文称之为噪声漏电)，但只有关键路径的时延变化才会影响到电路的延时变化。因此，全芯片漏电变化同电路时延变化之间的相关性较弱。这也通过对电路c432所做的实验结果得到了印证。图5.14给出了通过HSPICE仿真获得的c432中单路径和全芯片的漏电变化(△leakage),以及假定经过10年服役期后电路时延的增加情况(△delay)。仿真中的单路径是采用HSPICE仿真提前得知的在NBTI效应下经过10年服役期后电路中的最长路径。从图5.14中可以看出,单路径的漏电变化量能够很好地反映出这条路径的时延在NBTI效应下的变化趋势。而全芯片漏电变化则同电路时延的变化存在较大的差异。因此,一个明显的结论是,为了准确地预测电路在NBTI效应下的老化,漏电变化的测量应该以更细粒度(fine-grained)的方式(即单路径或门)进行。

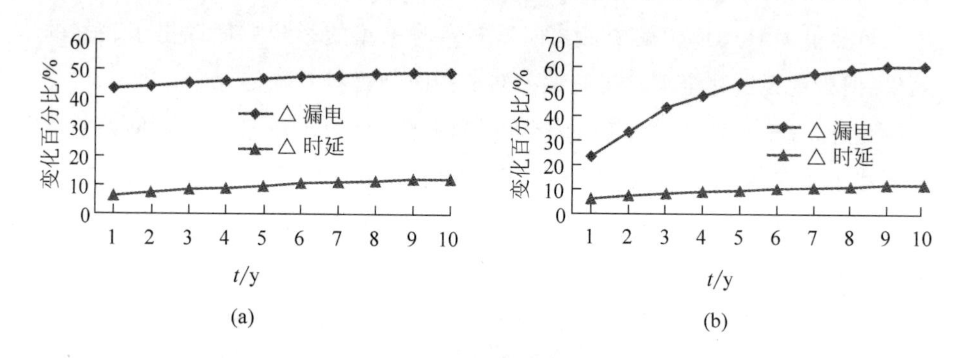

图5.14　NBTI效应下的漏电变化与时延变化

(a) 单路径;(b) 全芯片

基于以上的讨论,本文提出通过测量关键路径的漏电变化来预测电路由于NBTI效应导致的老化[106]。具体来说,首先在电路处于空闲时,通过施加特定的测量用向量来测量关键路径上的关键门的漏电变化量,并将漏电测量的结果形式化为线性方程组。接着,根据推导出的漏电变化和时延变化之间的相关性模型,预测任意关键路径的时延由于NBTI效应导致的增加情况。本文提出的方法不仅对实时噪声免疫,而且可以将工艺偏差导致的不确定性转化为测量时间开销,从而完全避免了工艺偏差对于预测结果的影响,不会造成任何预测精度的损失,也没有引入任何额外的面积开销。

5.2.1　漏电变化与时延变化之间相关性的刻画

本节首先针对基本门来推导其漏电变化与时延变化之间的相关性方程,随后将推导出的相关性方程扩展到复合门(composite gate),最后获得路径漏电变化与时延变化的相关性模型。

根据文献[107]和文献[104]提出的亚阈值漏电的分析表达式，晶体管的阈值电压变化可以表示为漏电变化的函数。例如，考虑 NBTI 效应，经过 t 时间，一个反相器在输入向量为“1”的情况下其漏电变化可以表示为

$$\Delta I_1(t) = I_1(0) \times (10^{-\Delta V_{th}/S}) \tag{5.3}$$

式(5.3)中，$I_1(0)$表示最初的静态漏电量(时间 0)，ΔV_{th}表示反相器内的 PMOS 晶体管在经过时间 t 后由于 NBTI 效应导致的阈值电压变化量，S 表示亚阈值斜率(subthreshold slope)。需要注意的问题是，即使反相器内的 PMOS 晶体管的阈值电压由于 NBTI 效应而发生了变化，反相器在输入向量为“0”时的漏电变化量却几乎保持为零。这是因为在这种情况下 PMOS 晶体管导通而 NMOS 晶体管关断，导致门的漏电路径(leakage path)被切断，漏电变化量为零。

与文献[104]相同，本文的漏电变化特指亚阈值漏电的变化。这是因为亚阈值漏电占门的总漏电的绝大部分，并且对阈值电压的变化最为敏感。

将式(5.3)进行转换，就可以得到 ΔV_{th} 作为漏电变化的函数的表达式如下：

$$\Delta V_{th} = -S \cdot \lg R_1(t) \tag{5.4}$$

式中，$R_1(t) = \Delta I_1(t)/I_1(0)$，表示漏电变化的百分比。

同样道理，一个 2 输入或非门内串联的两个 PMOS 晶体管 p1 和 p2 的 ΔV_{th}可以表示为

$$\left.\begin{aligned} \Delta V_{th\_p2} &= -S\lg R_{01}(t) \\ \Delta V_{th\_p1} &= S[\lg R_{01}(t) \cdot \lambda_D - \lg R_{10}(t)] \end{aligned}\right\} \tag{5.5}$$

式中，λ_D 表示 DIBL 因子，$R_{01}(t)$和 $R_{10}(t)$分别表示或非门在输入向量“01”和“10”时经过时间 t 后的漏电变化百分比。

现在，一个很自然的想法就是将门由于 NBTI 效应导致的传播时延变化同样表示为 ΔV_{th}的函数，从而在门的漏电变化和时延变化之间建立起函数关系。前面多次提到，根据 α 定律，门的传播时延可以近似看作是阈值电压的线性函数。在考虑门的负载电容的前提下，对式(3.1)稍微修改后，经过门输入节点 i 到门输出节点的传播时延在 NBTI 效应下的变化量可以表示为

$$\Delta D_i(t) = \alpha_{1(i)} \cdot \Delta V_{th(i)} + \alpha_{2(i)} \cdot C_L \tag{5.6}$$

式中：C_L 表示门的负载电容；$\alpha_{1(i)}$ 和 $\alpha_{2(i)}$ 是两个通过拟合得到的参数，分别用

来表示门的传播时延同阈值电压和负载电容之间近似的一阶线性函数关系；ΔV_{th}表示 PMOS 晶体管 i 在经过时间 t 后由于 NBTI 效应导致的阈值电压变化量。

将式(5.4)和式(5.5)代入式(5.6)中就可以获得反相器和或非门漏电变化和时延变化之间的相关性方程。

然而，对于与非门来说，问题变得有些复杂。例如，一个 2 输入的与非门在输入向量为“11”的情况下经过时间 t 后的漏电变化可以表示为

$$\Delta I_{11}(t) = I_{11}(0) \times (10^{-\Delta V_{th\_p1}/S} + 10^{-\Delta V_{th\_p2}/S}) \tag{5.7}$$

由式(5.7)可以看出，与非门的漏电变化量是其内部两个并联的 PMOS 晶体管漏电变化量之和。因此，仅仅从式(5.7)中无法推导出 ΔV_{th_p1} 和 ΔV_{th_p2} 各自的表达式。接下来，本文通过以下的分析方法来解决这个问题。

我们在介绍 NBTI 效应的原理时提到过，PMOS 晶体管在 NBTI 效应下的阈值电压变化主要由 PMOS 晶体管负偏置的时间所决定的。而阈值电压的变化量可以通过下式来表示：

$$\Delta V_{th} = b \cdot (\alpha \cdot t)^n \tag{5.8}$$

式中，$b=3.9\times10^{-3}\,\mathrm{V}\cdot\mathrm{s}^{-1/6}$。其余参数与式(3.1)中的参数含义相同。

通过分析式(5.8)可以知道，经过相同的操作时间后，与非门内不同的 PMOS 晶体管的 ΔV_{th}是由门输入节点上的占空比(也即信号概率)来决定的。因此，可以采用门输入节点上的信号概率来表示门内与这个输入节点相连接的 PMOS 晶体管的漏电变化。例如，对于一个 2 输入的与非门，假定其输入节点上的信号概率为 sp1 和 sp2，则两个并联的 PMOS 晶体管的阈值电压变化量可以表示为

$$\left.\begin{aligned} \Delta V_{th\_p1} &= -S \cdot \lg \frac{sp1 + sp2}{sp1} \cdot R_{11}(t) \\ \Delta V_{th\_p2} &= -S \cdot \lg \frac{sp1 + sp2}{sp2} \cdot R_{11}(t) \end{aligned}\right\} \tag{5.9}$$

其中，$R_{11}(t)=\Delta I_{11}(t)/I_{11}(0)$。同样可以将式(5.9)代入式(5.6)中以获得与非门漏电变化和时延变化之间的相关性方程。

上面推导基本门漏电变化和时延变化之间相关性方程的方法同样适用于复合门。以一个 AOI22 门(与或非门)为例，图 5.15(a)显示了 AOI22 门的结构。为了获得 PMOS 晶体管 pa 和 pb 或 pc 和 pd 的阈值电压变化量，可以

将输入 c 和 d 设为低电平同时保持输入 a 和 b 为高电平，或者按照相反的方式来做。这时，AOI22 门的漏电变化可以按照与非门漏电变化来看待(图 5.15(b)和(c))并采用式(5.9)来计算。这样就可以获得单个 PMOS 晶体管阈值电压变化的表达式了。

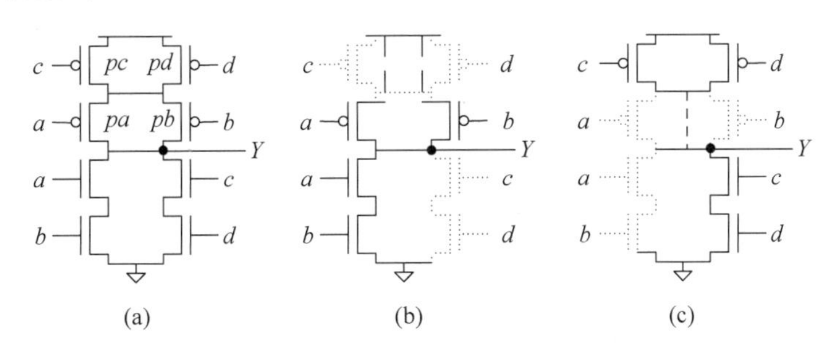

图 5.15 复合门 AOI22 的结构及漏电路径

拓展式(5.6)，电路中路径经过时间 t 后由于 NBTI 效应导致的时延增加量可以表示为

$$\Delta D_P(t) = \alpha_{1(ij)} \cdot \Delta V_{\mathrm{th}(ij)}(t) + \alpha_{2(ij)} \cdot C_{L(i)} \tag{5.10}$$

式中，下标 ij 表示这条路径所经过的第 i 个门内的第 j 个 PMOS 晶体管。$C_{L(i)}$ 表示门 i 的负载电容。根据路径所经过的门的类型，式(5.4)、式(5.5)和式(5.9)可以被相应地替换入式(5.10)中来获得这条路径漏电变化和时延变化之间的相关性方程。

5.2.2 漏电变化的测量

作者在测量漏电变化时所用的硬件配置及相应的控制方法同传统的 IDDQ 测试方法[105]基本相同并且可以在板级来实现[108,109]。在传统的 IDDQ 测试中所需要遵循的设计规则同样需要遵守。

然而，正如 5.2.1 节所介绍的，不同于传统的漏电测量，作者在进行漏电变化测量时需要以门的粒度(granularity)进行而不是测量全芯片的漏电变化。也就是说，为保证测量得到的漏电变化同电路的时延变化之间较强的相关性，我们只测量关键门的漏电变化(用 LCCG 表示)而忽略非关键门的漏电变化(用 LCNG 表示)。在作者提出的漏电测量方法中，采用门控供电晶体管(supply gating transistor)以最小化 LCNG 在整个测量到的漏电变化量中的比例,而通过求解方程组来获得单个关键门的 LCCG。漏电测量的示意图如图 5.16(a)所示。

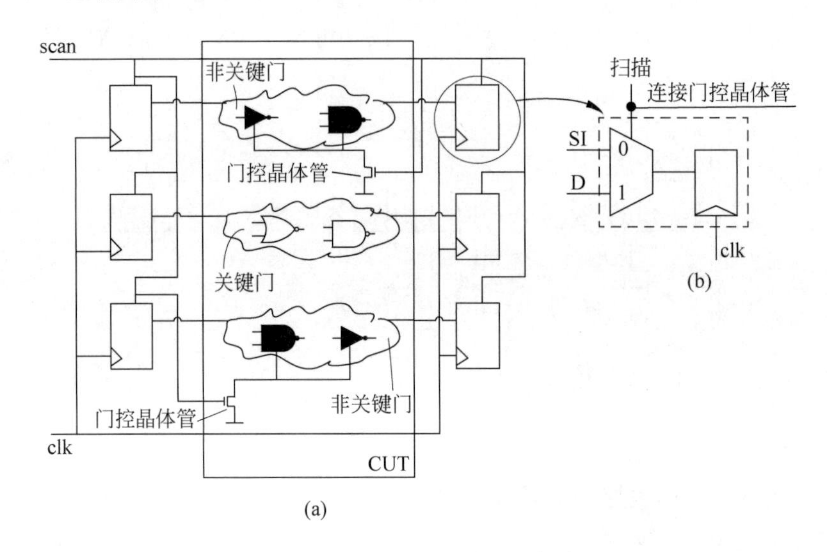

图 5.16 漏电变化测量示意图

1. LCNG 的最小化

如果门的漏电路径被关断的话,即使门的阈值电压由于 NBTI 效应发生了变化,门的漏电变化却接近于零。表 5.5 给出了当门的漏电路径被关断后,对一些基本门所测量的漏电变化量。漏电变化量通过在时间 0 和时间 t(t 等于 10 年)分别做两次 HSPICE 仿真来获得,并且在 HSPICE 仿真中对 NBTI 效应进行了模拟。从表 5.5 中的数据可以看出,漏电路径被关断后,门的漏电变化量接近于 0。

表 5.5 漏电路径关断后门的漏电变化

门	时间 0 漏电/nA	时间 t 漏电/nA	漏电变化量/nA
反相器	44.6078	44.6072	0.0006
与非门	89.1622	89.1610	0.0012
或非门	65.7653	65.7651	0.0002

从上面的讨论可以知道,为了消除 LCNG,需要在漏电测量过程中关断非关键门的漏电路径。因此,与文献[110]和文献[111]提出的减小活动漏电(active leakage)的方法相似,本文采用门控晶体管在漏电测量过程中关断非

关键门的漏电路径。门控晶体管断开时会隔断非关键门同地之间的连接,从而切断了门的漏电路径。

如图5.16(a)所示,经过电路时序分析后,电路中的非关键门按照其在版图中的位置被分成不同的组。随后,在每一组非关键门与地线之间插入一个较宽的门控NMOS晶体管。当电路执行正常的功能操作时,这些插入的NMOS晶体管保持导通状态而不会影响到电路正常的功能操作。而当进行漏电测量时,这些NMOS晶体管便会关断,从而切断非关键门的漏电路径。这样可以保证测量到的LCNG为零。

导通和关断门控NMOS晶体管需要一个全局控制信号。可以借助制造测试时所用的全局控制信号来减少门控晶体管所用的全局信号的布线开销。在基于扫描方式的制造测试中,通常需要一个全局扫描使能信号(图5.16(a)中的扫描信号)来控制扫描链的操作。因此,如图5.16(a)所示,本文将门控晶体管的输入局部连接到扫描信号上,从而只需要引入较少的局部布线开销。在这种连接方式下可扫描触发器的工作方式如图5.16(b)所示。

在制造测试时,扫描信号保持低电平,测试向量可以通过SI移入可扫描触发器内。而当电路执行正常的功能操作时,扫描信号翻转为高电平,数据可以按照正常的方式打入到触发器中。在执行漏电测量操作时,功能时钟通常被阻塞,因此SI上的数据不会被送入到触发器中。这时,扫描信号重新翻转为低电平,这将关断门控NMOS晶体管,也就切断了非关键门的漏电路径。

2. LCCG的测量

为了获得LCCG,首要问题是保证在漏电测量过程中关键门的漏电路径是导通的,即要求关键门内部下拉NMOS网络导通。也就是说,或者串联的NMOS晶体管全部导通,或者并联的NMOS晶体管中至少有一个导通。

我们针对时序分析识别出来的关键门生成一组测量用向量。每次对电路施加一个测量用向量会导通一部分关键门中的漏电路径,同时关断另外一部分关键门的漏电路径。每次施加一个向量后,测量得到的总的漏电就是所有漏电路径导通的关键门的漏电之和。因此,对同一个测量用向量,时间t时的漏电变化量LCCG(t)能够通过从时间0测量的漏电中减去时间t测量的漏电来得到。

针对施加每个测量用向量后获得的LCCG(t)都可以列出一个线性方程。

方程中等号左边的变量即对应单个关键门的 LCCG，而 LCCG(t)则作为已知的变量放在等号的右边。需要注意的是，对于反相器和与非门漏电变化量只有一个唯一值(式(5.4)和式(5.9))；而对于或非门来说，对于不同的测量用向量，漏电变化量是不同的(式(5.5))。因此，在方程中采用不同的变量来表示或非门在不同向量下的漏电变化量。

按照上面介绍的方法，漏电测量时每施加一个测量用向量都可以得到一个方程。因此，当所有的测量用向量施加完毕，就可以得到一个方程组：

$$
\begin{gathered}
\mathrm{LCCG}_1+\mathrm{LCCG}_2+\cdots+\mathrm{LCCG}_k=\mathrm{LCCG}_{T(1)} \\
\mathrm{LCCG}_2+\mathrm{LCCG}_7+\cdots+\mathrm{LCCG}_l=\mathrm{LCCG}_{T(2)} \\
\vdots \\
\mathrm{LCCG}_{10}+\mathrm{LCCG}_{16}+\cdots+\mathrm{LCCG}_n=\mathrm{LCCG}_{T(m)}
\end{gathered}
$$

在这个方程组中，$\mathrm{LCCG}_i(0<i\leqslant n)$表示单个关键门(反相器或与非门)或者单个 PMOS 晶体管(或非门)的漏电变化。n 表示相应于施加所有的测量用向量后所获得的总的漏电变化量的数目。$\mathrm{LCCG}_j(0<j\leqslant m)$表示施加向量 j 后所测量到的总的漏电变化量。m 表示测量用向量的数目。很明显，通过解这个线性方程组就可以获得单个关键门在时间 t 的漏电变化量。

虽然施加一组测量用向量可以得到相应的一组方程。然而，为了确保方程组有唯一解，需要有针对性的生成测量用向量。例如，为了保证上面列出的方程组有唯一解，需要满足条件 $m=n$ 且 $r(A)=n$。这里 $r(A)$表示方程组系数矩阵 A 的秩。为了满足上述的条件，在每次生成一个测量用向量后，将对应的方程放入方程组中并计算方程组的秩。如果计算得到的秩等于方程组中已有方程的数目，则表明新添加进方程组的方程与方程组中已经存在的方程全部都是线性无关的。那么这次生成的测量用向量和对应的方程就被认为是有效的。否则忽略这次生成的向量和方程。整个测量用向量的生成过程一直到方程组内方程的数目等于 n 才结束。

5.2.3 实验及结果分析

实验电路从 ISCAS 基准电路中选取。使用 SYNOPSYS 设计编译器来综合电路的网表。漏电和 NBTI 效应通过 HSPICE 仿真来模拟。仿真实验仍采用 PTM 65 nm 晶体管模型。所有的实验均在 Intel Xeon 8 核 Linux 服务器上进行，单核工作频率为 2.33 GHz，内存为 16 G。

1. 电路老化预测

首先在不考虑工艺偏差的情况下预测电路由于 NBTI 效应导致的老化。关键门和非关键门通过静态时序分析来识别。在假定电路经过 10 年操作时间后路径时延增加 20% 的前提下，如果电路中某条路径其定时余量小于 20%，则这条路径就被认为是关键路径。而所有位于这条关键路径的门则被认为是关键门。表 5.6 中第二列到第四列给出了对实验电路进行静态分析后的统计结果。

表 5.6　实验结果

电路	num_cg	num_g	关键数目百分比/%	num_eqn	时间/s
c880	22	383	5.7	27	1.0
c1908	35	467	7.5	52	3.2
c2670	53	573	9.2	73	3.5
c3540	75	895	8.4	82	4.1
c5315	110	1463	7.5	162	7.3
c7552	153	1804	8.5	201	9.6
s9234	132	2027	6.5	181	7.6
s35952	406	12204	3.3	633	15.2
s38417	227	8709	2.6	310	12.2
s38584	387	11448	3.4	598	13.7

num_cg：关键门数目；num_g：电路中门的总数；num_eqn：方程数目。

针对识别出来的关键门，对 6.1 节中介绍的控制向量生成算法进行修改来生成测量用向量。在生成测量用向量的过程中，考虑的是怎样使关键门的漏电路径导通而不是生成固定型故障。在生成测量用向量后，采用 MATLAB 脚本编写的程序对相应的方程组进行求解。对每个实验电路生成的方程数目以及方程组求解所需的时间列于表 5.6 中第五列和第六列。可以看出，方程的数量略多于关键门的数目。这是因为或非门相对于不同的测量用向量有着不同的漏电变化量。线性方程组的求解非常快，通常只需要几秒的时间。

接着根据测量到的漏电变化来预测电路由于 NBTI 效应导致的老化。门的负载电容通过对版图进行反向标注来获得。预测老化的实验选取3个实验电路,分别为c880、c7552和s35952,电路的规模从几百个门到几万个门不等。电路执行的工作负载通过假定电路的原始输入端上信号概率为0.5来模拟。

图5.17显示了采用测量漏电变化预测的电路时延增加情况以及在相同工作条件下,通过HSPICE模拟得到的电路时延增加情况。实验分别在75℃和125℃下进行。预测结果是通过比较电路中最长的10条路径的时延增加量获得的。图5.17中,hsp表示HSPICE仿真结果,而ours表示采用测量漏电变化预测的结果。从图5.17可以看出,预测结果与采用HSPICE仿真得到的结果吻合得非常好,并且能够在电路规模变大的情况下保持预测精度。

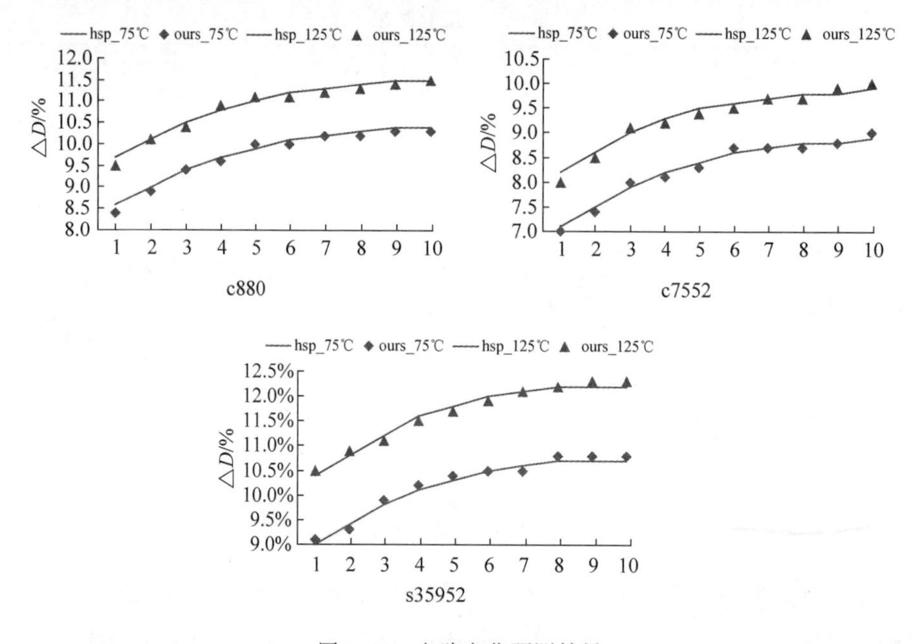

图5.17　电路老化预测结果

在上面的实验中,通过测量的漏电变化来计算路径时延增加量的过程依赖于与非门输入节点上的信号概率(式(5.9))。而在实际工作负载下与非门输入节点上的信号概率实际上很难得到。因此,为了验证本文提出的方法在不同的工作负载下对电路老化预测的精度,我们通过假定电路原始输入节点上不同的信号概率(从0.1到0.9)来模拟不同的工作负载。而预测结果仍然通过假定原始输入节点上信号概率为0.5来获得。图5.18给出了预测精度损失的情况。可以看出,不管工作负载如何变化,采用信号概率0.5来计算预测结果都能保证足够的精度(精度损失最大为 3%)。

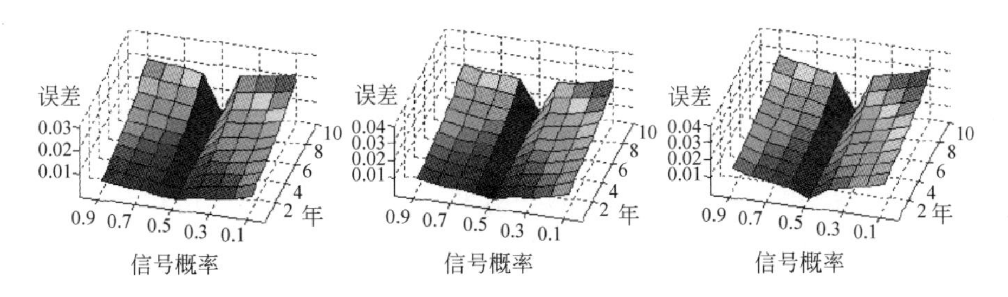

图 5.18　经历不同工作负载时预测精度的损失情况

2. 应对工艺偏差

在工艺偏差的影响下,电路中关键路径和关键门的数目会相应增加,并且对于不同的芯片也不一样。为了在工艺偏差的影响下仍然保证预测的精度,首先采用统计时序分析来识别电路中的关键路径和关键门。工艺偏差导致的参数偏差假定来自于阈值电压,标准方差假定为额定值的 10%。如果一条路径的定时余量($\mu+\sigma$)经过统计时序分析后发现小于 20%,则这条路径就被认为是关键路径。表 5.7 中的第二列到第四列给出了对三个最大的组合电路进行统计时序分析后得到的统计结果。

表 5.7　考虑工艺偏差的实验结果

电路	num_cg	num_g	关键数目百分比/%	num_eqn	时间/s
c3540	185	895	20.7	276	11.8
c5315	232	1463	15.9	335	12.5
c7552	378	1804	21	501	13.2

num_cg: 关键门数目; num_g: 电路中门的总数; num_eqn: 方程数目。

由表 5.7 可以看出,由于工艺偏差的影响,时序分析所识别出来的关键路径和关键门的数目都增加了,方程的数目也相应地增加了。这就需要更多的 CPU 时间来解方程组。方程数目的增加意味着需要生成更多的测量用向量并且需要更多的测量时间。然而,我们认为测量时间并不是重要的问题,因为漏电的测量可以在电路处于空闲时进行。而最为重要的一点是:作者提出的方法所预测结果完全不受工艺偏差的影响,因为漏电测量设备可以位于片外。因此可以说,作者提出的方法是通过增加测量时间开销来避免工艺偏差对预测精度影响的。

3. 开销评估

插入门控晶体管会引入面积开销并增加路径的时延。插入到每一组非关键门的门控晶体管的宽度应该仔细选择以容纳电路操作时由非关键门流出的电流。这里,我们采用文献[110]提出的分析方法来估计门控晶体管的宽度。从保守的角度假定在电路操作期间会有一半的非关键门发生翻转,因此所有插入的门控晶体管总的宽度可以表示为

$$W = 5L_{\min} \cdot \frac{n}{2} \tag{5.11}$$

式中,$L_{\min}$表示特定工艺下最小的设计尺寸,n表示电路中非关键门的数目。选择参数5表示单个门控晶体管的宽度至少需要5倍于晶体管的特征尺寸来平衡面积开销。

插入门控晶体管后引入的面积开销可以通过计算W和电路中所有晶体管总的宽度之和的比例来获得,我们对三个最大的时序电路(s38417、s38584和s35952)计算面积开销。这三个时序电路拥有最多的非关键门,因此需要较多数目的门控晶体管。电路中的PMOS和NMOS晶体管的宽长比分别设为10和5。计算所得的面积开销分别为5.1%、3.9%和5.7%。

通过HSPICE仿真发现,插入门控晶体管后,非关键路径的时延增加了大约5%。由于在实验中所识别的非关键路径的定时余量大于20%,因此由于插入门控晶体管引入的时延开销并不会影响电路的时延。

5.2.4 本节小结

本节提出通过测量漏电的变化来预测电路由于NBTI效应导致的老化。测量过程中通过联立方程组的形式排他性地获得关键门的漏电变化量,而通过插入门控晶体管来消除整个测量得到的漏电变化量中非关键门的漏电变化量。实验结果表明,本文提出的方法具有较高的预测精度,并且可以通过增加测量时间开销来避免工艺偏差对预测精度的影响。

第6章 多向量方法优化电路老化和漏电

现今，在许多微处理器、片上系统和专用集成电路中都会采用休眠(sleep)或门控时钟(clock gating)技术来减小电路执行功能操作时的动态功耗。当某个功能模块不需要执行有用的功能操作时会被强制进入待机模式。此时，在功能操作时送入模块的时钟信号将被阻塞(gating)。因此，功能模块的输入信号及整个模块内部节点的信号会保持不变，从而大大减少了内部节点信号的翻转次数，降低了动态功耗。

虽然这种低功耗技术能够有效地降低系统的动态功耗，却可能加剧功能模块由于NBTI效应导致的老化。功能模块进入待机模式后，内部节点的信号保持不变。电路中的一些门，其输入节点的信号会始终保持低电平，从而导致这些门在整个待机模式时间内经受静态NBTI效应。由前面介绍的内容可以知道，静态NBTI效应造成的老化往往几倍于动态NBTI效应所造成的老化。如果功能模块进入待机模式的时间很长，那些经受静态NBTI效应的门会有较大的时延增加量，从而对电路的时延变化和可靠性带来较大的影响。因此，对于采用低功耗技术的芯片，抑制电路处于待机模式时由于NBTI效应导致的老化是保证电路可靠性的必然要求。

本章将在第一部分介绍提出的采用非均匀方式施加多个控制向量(multiple IVC, M-IVC)来抑制电路处于待机模式时由于NBTI效应导致的老化方法[112]。该方法根据求解出的电路中关键门输入节点上的最佳占空比集合，通过修改自动测试向量生成算法来生成多个控制向量并确定每个向量特定的施加时间。非均匀施加控制向量的方式能够克服均匀施加方式对电路内部节点的占空比控制能力较弱的缺点，有效地抑制电路处于待机模式时的老化。

由于门的静态漏电和NBTI效应导致的老化对于同一个向量有着相反的依赖性，导致采用单向量方法(IVC)对二者进行协同优化的效果不明显。为了解决这个问题,对多向量方法进行扩展,本章将在第二部分介绍通过施加多个控制向量对静态漏电和 NBTI 效应导致老化进行协同优化的方法。该方法通过将门的静态漏电和 NBTI 效应导致的时延增加量统一看作占空比的函数,建立二者的协同优化模型,并基于协同优化模型来求解相应的最佳占空比集合并生成多个控制向量。

6.1 单独优化 NBTI 效应导致的电路老化

6.1.1 控制向量的生成

虽然电路中节点的占空比是由所执行的工作负载决定的,但是,通过在电路的原始输入端施加特定的多个控制向量也可以人为地影响电路内部节点的占空比。先看一个简单的例子。假定对一个反相器的输入端施加控制信号,在 t 时间内控制信号为低电平的时间为 $0.5t$,而在另外 $0.5t$ 时间里控制信号为高电平。很明显,在 t 时间内这个反相器输入节点上的占空比为 0.5。因此,通过改变控制信号在 t 时间内处于高电平和低电平的时间比例便可以控制反相器输入节点上的占空比了。

对单独一个门输入节点上的信号进行控制以实现要求的占空比相对容易。然而,通过施加控制向量来控制电路中所有门输入节点上的占空比却困难许多。本节提出一个修改的自动测试向量生成算法(automatic test pattern generation, ATPG),根据门输入节点上的占空比集合,借助商用的 ATPG 引擎(engine)生成控制向量,并将其称为类 ATPG(ATPG-like)算法。这是因为与传统的 ATPG 算法[113-116]生成测试向量不同,类 ATPG 算法在控制向量的生成过程中只需要考虑如何将门输入节点的信号设为想要的值,而不需要考虑将故障效应传播到电路的原始输出端。

假定电路中门输入节点上的占空比集合已经获得,提出的类 ATPG 算法根据连接于电路原始输入端的门的输入节点上的占空比来生成控制向量。根据表 3.2 给出的占空比计算及传播规则,当连接于原始输入端的门的输入节点上所要求的占空比得到满足,电路内部节点的占空比自然也就可以实现了。因此,以下要描述的类 ATPG 算法生成控制向量的具体过程都是针对连接在电路原始输入端上的门的输入节点来进行的。

类 ATPG 算法首先将要求 0 值占空比的输入节点的信号设为高电平(逻辑“1”)。0 值占空比意味着无论施加多少个控制向量,这些节点上的输入信号必须始终保持高电平。同时,其他的不要求 0 值占空比的节点都被设为低电平信号(逻辑“0”)。这样,就生成了第一个控制向量。随后,在第一个控制向量生成过程中,所有的被设为低电平信号的输入节点按照它们所要求的占空比划分为不同的组,这些组又根据所要求的占空比的值按升序排列。类 ATPG 算法随即按照排序的顺序依次对每组输入节点的信号进行赋值。每一次赋值时,当前组内所有输入节点的信号统一被设为高电平,而其他组输入节点的信号依旧为低电平。所有已经被设为高电平信号的输入节点在随后的赋值过程中要保持信号值不变。这个过程会迭代进行,直到所有的输入节点全部被赋值完毕。

下面以 ISCAS’85 基准电路集中的 c17 电路为例来说明如何根据要求的占空比生成控制向量。c17 电路的网表通过 SYNOPSYS 设计编译器综合得到,且在网表综合过程中限定只能使用反相器、与非门和或非门。如图 6.1 所示,方括号内第一项(N1)表示网表中互连线(wire)的名称;第二项表示门输入节点上要求的占空比。类 ATPG 算法根据 c17 电路原始输入端上要求的占空比来生成向量。向量的生成步骤见表 6.1。

由于线 N1 和 N3 要求 0 值占空比,在步骤 1 中,首先生成第一个控制向量用以设置 N1 和 N3 为高电平信号。同时,其他线的信号均被设为低电平。随后,因为 N6 所要求的占空比的值最小,步骤 2 为它生成控制向量。这个控制向量在保留 N1 和 N3 为高电平信号不变的前提下将 N6 赋值为高电平,而其他线(N7 和 N2)仍然赋值为低电平。按照这种方式,在步骤 3 和步骤 4 中

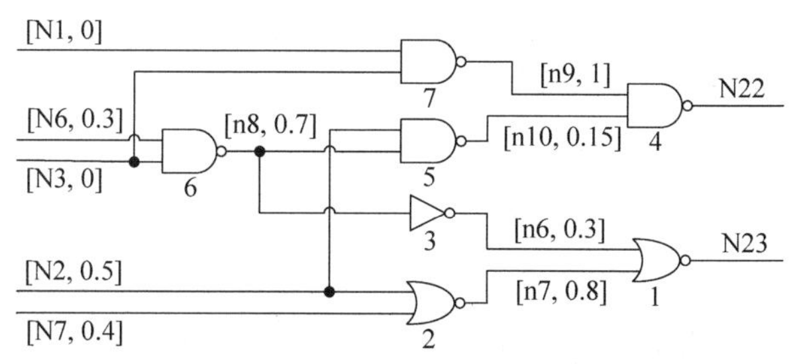

图 6.1　类 ATPG 算法生成向量过程

依次对 N7 和 N2 进行赋值。最后得到相应的 4 个控制向量。

表 6.1 类 ATPG 算法生成控制向量的步骤

步 骤	原 始 输 入	向量(N7→N1)
1	N1,N3	00101
2	N6	01101
3	N7	11101
4	N2	11111

将生成的控制向量按照非均匀的方式施加到电路的原始输入端即可在电路中门的输入节点上形成要求的占空比。仍以上面的 c17 电路为例。假定 c17 处于某个待机模式的总时间为 T_s,在电路开始进入待机模式时,第一个向量(表 6.1)即被施加到 c17 的原始输入端。随后,因为 N6 要求的占空比的值是 0.3,所以第二个向量将在 $0.3T_s$ 时施加。同样,第三个和第四个向量分别在 $0.4T_s$ 和 $0.5T_s$ 时刻施加。容易验证,用上述方式施加这 4 个控制向量就可以在电路中门的输入节点上形成要求的占空比。

6.1.2 最佳占空比的求解

优化电路由于 NBTI 效应导致的老化只需要优化关键通路的时延。因为只有关键通路的时延变化才会影响到电路的时延。因此,优化的第一步仍然是要识别电路中的关键通路和关键门。在这里采用 3.2 节所介绍的方法识别在考虑 NBTI 效应导致的老化时电路中的关键通路和关键门。

在电路处于待机模式时轮流对其施加多个控制向量会导致电路内部节点的信号发生翻转。实际上是将电路中的一些门由经受静态 NBTI 效应的状况转变为经受动态 NBTI 效应。为了保证生成的控制向量能够最大限度地抑制电路在待机模式下的老化,作者采用逆向思维,首先求解关键门输入节点上可以导致电路在待机模式下最小老化的最佳占空比集合。最佳占空比的求解可以采用 3.3 节所介绍的方法来实现。需要注意的是,为了优化目的求解的最佳占空比集合可以分为两种:即导致电路在待机模式下最小老化的最佳占空比集合,以及导致电路在待机模式下的老化不超过指定阈值的最佳占空比集合。在不要求电路绝对可靠的情况下,求解第二种占空比集合能够减少非线性规划的收敛时间。而据此占空比集合生成的向量数目也可能会少一些。因此，对3.3节所介绍的求解占空比的过程进行微小的改动并表示，如图6.2所示。

导致最小电路老化的占空比求解	导致电路老化不超过指定阈值的占空比求解
最小化D_C 约束条件： (1) 时延约束 (2) 占空比取值约束	最小化(D_C-T_C) 约束条件： (1) 时延约束 (2) 占空比取值约束
(a)	(b)

图6.2　求解用于优化目的的最佳占空比集合

图6.2(a)中用于求解上面所描述的第一种最佳占空比集合；而图6.2(b)则用来求解第二种最佳占空比集合。T_C表示预先指定的定时约束。在实际的优化过程中，可以根据优化目标的要求以及考虑优化效果—运算复杂度之间的折中来选择合适的求解过程。

在求解出关键门输入节点上的最佳占空比集合后，即可采用6.1.1节介绍的类ATPG算法来生成控制向量。

6.1.3　硬件实现

现今，功耗管理单元(power management unit)通常会生成休眠信号来触发功能模块进入待机模式。因此，可以借助这些休眠信号来触发控制向量的施加。根据要求的占空比，每个单独向量的施加时间可以是基本施加时间(例如100 000个时钟周期)的若干倍。

另外，施加向量的硬件实现可以借助采用单向量降低电路漏电的方法。图6.3给出了可以在板级(board-level)实现的向量施加硬件实现示意图。首先，在控制向量低位部分添加几位用以标识这个向量的施加时间。然后将这些控制向量统一存入一个片上只读存储器(ROM)中。当接收到休眠信号后，控制单元从ROM中取出一条向量，对其进行解码，获得此向量的施加时间并去掉添加的附加位。随后将这个控制向量送入功能模块的数据锁存端口。同时，控制单元内部的计数器开始对功能时钟信号进行计数。当这个向量要求的施加时间结束后，控制单元从ROM中取出下一条向量，将计数器清零，然后重新开始解码和计数。这个过程重复进行直到所有的控制向量都被取出并施加到功能模块上。

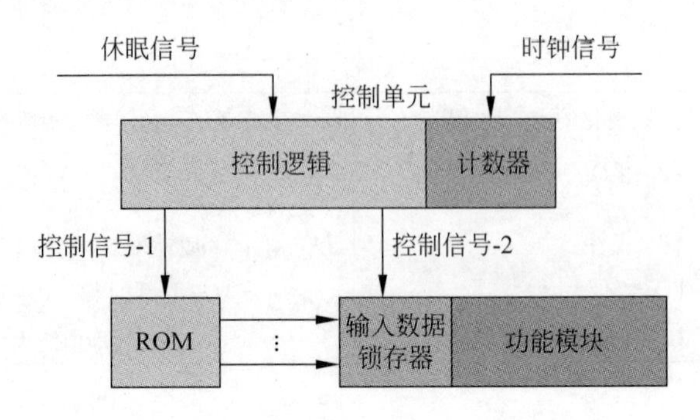

图 6.3 向量施加的硬件实现示意图

6.1.4 实验及结果分析

在本节的实验中，实验平台、实验电路、所采用的晶体管模型，以及关键通路和关键门的识别方法和结果均与第 3 章实验部分相同。不同于第 3 章求解最差占空比集合，本节试图求解可以导致电路在待机模式下的最小老化的最佳占空比集合。因此，优化目标不用像第 3 章所做的那样取负值。非线性规划收敛所需的时间与表 3.4 所列的结果相似，因此在这里没有逐一列出。

在获得最佳占空比集合后，通过编写一个 Perl 脚本调用一个商用的 ATPG 引擎(SYNOPSYS TetraMax)来生成控制向量。电路中所有的原始输入端都被看成是故障点(fault site)，并且附加固定为 0 的固定型故障(stuck-at 0 fault)。通过修改电路网表，将电路中所有与原始输入端相连接的门的输出节点设为新的原始输出。通过这种修改可以避免 ATPG 引擎关于故障效应必须能够传播到原始输出的要求。随后，根据连接在原始输入端的关键门输入节点上的占空比集合，采用类 ATPG 算法来生成要求的多个控制向量。

表 6.2 列出了采用 M-IVC 方法对电路在待机模式下由于 NBTI 效应导致的老化进行抑制的结果。电路的服役期假定为 10 年。在整个服役期内，电路处于活动模式和待机模式的时间比例设为 9∶1。出于比较的目的，本文还实现了文献[78]提出的电路老化抑制方法。该方法在电路进入到待机模式时，将生成的多个控制向量按照均匀的方式进行施加。这种方法对于电路老化的抑制结果同样列于表 6.2 中。

表 6.2　电路老化抑制结果

电　　路	M-IVC	文献[78]提出的方法	
	$D\%$	N_{IV}	$D\%$
c880	2	3	9.8
c1908	1.6	3	7.2
c2670	2.1	3	6.8
c3540	5.8	6	10.8
c5315	6	5	9.2
c7552	5.3	5	12
s298	0	1	0
s820	0	1	0
s1196	2.6	5	11.1
s1238	0.6	7	12.7

$D\%$：优化后电路时延增加的百分比；N_{IV}：生成的控制向量的数目。

由表6.2中的数据可以看出，采用M-IVC方法抑制电路在待机模式下老化的效果明显好于文献[78]所提出的方法。在施加平均4个控制向量的情况下，所有实验电路增加的时延小于6%。而采用文献[78]提出的方法均匀地施加控制向量的情况下，一部分实验电路增加的时延超过10%。这说明均匀施加控制向量并不能在关键门输入节点上形成最佳的占空比集合，所以也就不能很有效地抑制电路的老化。由于电路s298和s820都只需一条控制向量即可覆盖所有的关键门，因此，在施加控制向量后它们在待机模式下由于NBTI效应导致的时延增加量为0。

6.2　电路老化和静态漏电的协同优化

采用施加控制向量方法抑制电路处于待机模式时由于NBTI效应导致的老化会带来一个负面影响，即在优化电路老化的同时有可能加剧电路的静态漏电。这是因为静态漏电同样强烈依赖于输入模式(input pattern)；并且对于某些基本门，施加同一个输入向量后对NBTI效应导致的时延增加与静态漏电(主要是亚阈值漏电)的抑制有着相反的表现。表6.3列出了对一些基本门所做的HSPICE仿真结果。仿真实验采用PTM 65 nm晶体管模型。表中的数据表示在施加不同的控制向量的情况下，经过10年服役期后门的静态漏电和由于 NBTI 效应导致的时延增加百分比。由表 6.3 中的数据可以看出，对于 2 输入或非门，施加控制向量“11”后，门的时延增加和静态漏电都非常小。也就是说，存在着一个单独的控制向量可以同步优化或非门的老化和静态漏电。然而，对于与非门和反相器，由表 6.3 可以看出，不存在单独的一个控制向量能够同步优化门的老化和漏电。虽然某个控制向量可以有效地抑制门的老化，却会导致大的静态漏电，反之亦然。

表 6.3　不同输入向量下基本门的静态漏电和由于 NBTI 效应导致的老化

IV	或非门		与非门		IV	反相器	
	D/%	L/nA	D/%	L/nA		D/%	L/nA
00	20	65.76	17	3.65	0	16.7	32.89
01	20	44.58	17	32.87	1	0	44.60
10	17.1	15.70	15.8	13.60			
11	0	0.59	0	89.16			

IV：输入向量；D：时延增加百分比；L：静态漏电。

本文在这里对 6.1 节介绍的 M-IVC 方法进行扩展，用以对 NBTI 效应造成的老化和静态漏电进行协同优化，创新性地提出将 NBTI 效应造成的时延增加量和平均静态漏电统一看作占空比的函数并建立协同优化模型。图 6.4 给出了对电路 s298 所做的 HSPICE 仿真结果。仿真中在电路的原始输入端随机生成了一万组占空比，并据此获得假定电路经过 10 年服役期后的时延值和静态漏电。由图 6.4 可以看出(圆圈内部分)，存在着少量的一些占空比集合能够同时导致较小的电路老化和静态漏电。

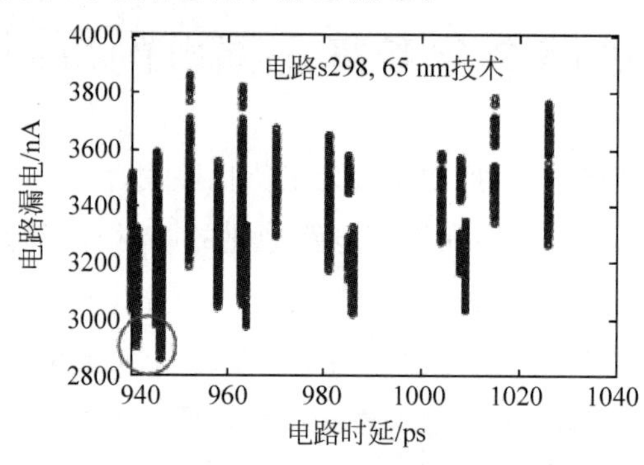

图 6.4　一万组占空比所对应的电路时延和漏电

采用随机方法来寻找最佳占空比集合不仅耗时长,而且很难获得最优解。因此,本文基于电路老化和静态漏电的协同优化模型,对3.3节介绍的占空比求解方法进行修改,来求解可以同时导致电路最小老化和静态漏电的最佳占空比集合。最后,与6.1.1节相似,根据求解出的占空比集合生成要求的多个控制向量。因此,当电路处于待机模式时以非均匀的方法施加这些控制向量即可在门的输入节点形成最佳占空比集合,达到同步优化电路老化和静态漏电的目的。

6.2.1　协同优化模型

3.2节给出了式(3.1)用来表示在NBTI效应下门的传播时延增加量。因此,在NBTI效应的影响下,经过操作时间 t 后门的传播时延 D_i 可以表示为

$$D_i = D_{0(i)} + c_i \cdot \alpha_i^n \cdot t^n \tag{6.1}$$

式中,$D_{0(i)}$ 表示由输入节点 i 到门输出节点的额定传播时延值,其他参数表示的含义与式(3.1)相同。相应于施加在门输入节点上不同的向量,门的静态漏电也是不同的。文献[117]提出用伪布尔函数(pseudo-boolean)来表示在不同输入向量下门的静态漏电。例如,一个2输入的与非门其输入节点分别表示为 a 和 b,则这个与非门在不同输入向量下的静态漏电 $L_g(a,b)$ 可以表示为

$$L_g(a,b) = L_{00} \cdot \bar{a} \cdot \bar{b} + L_{01} \cdot \bar{a} \cdot b + L_{10} \cdot a \cdot \bar{b} + L_{11} \cdot a \cdot b \tag{6.2}$$

式(6.2)中,$\{L_{00}, L_{01}, L_{10}, L_{11}\}$ 分别表示在输入向量{00,01,10,11}下门的静态漏电。很明显,对于某一个特定的输入向量,式(6.2)中只有一项是非零的而其他项均为零。

在3.3节曾经分析过,电路在其整个服役期里的操作可以看作是反复处于活动模式和待机模式的过程。在每个单独的待机模式时间段内,电路内部节点的输入信号保持不变;但是在不同的待机模式时间段内又是不同的。因此,电路的静态漏电在不同的待机模式时间段内也是不同的。仍以2输入的与非门为例。假定整个操作时间包含 n 个待机模式时间段,每个待机模式时间段内与非门的输入信号保持不变。同时,假定在这 n 个待机模式时间段里与非门的输入向量{00,01,10,11}出现的次数为 $\{m_{00}, m_{01}, m_{10}, m_{11}\}$,且 $m_{00} + m_{01} + m_{10} + m_{11} = n$,那么在这 n 个待机模式时间段里与非门的平均静态漏电可以表示为

$$L_{\mathrm{AVE}}(a,b)=\frac{L_{00}\cdot\bar{a}\cdot\bar{b}\cdot m_{00}+L_{01}\cdot\bar{a}\cdot b\cdot m_{01}+L_{10}\cdot a\cdot\bar{b}\cdot m_{10}+L_{11}\cdot a\cdot b\cdot m_{11}}{n} \tag{6.3}$$

这里，$\left\{\bar{a}\cdot\bar{b}\cdot\frac{m_{00}}{n},\bar{a}\cdot b\cdot\frac{m_{01}}{n},a\cdot\bar{b}\cdot\frac{m_{10}}{n},a\cdot b\cdot\frac{m_{11}}{n}\right\}$可以被认为是输入向量{00,01,10,11}在这 n 个待机模式时间段内出现次数的统计值。如果假定这 n 个待机模式时间段内与非门的两个输入节点 a 和 b 上的信号概率为 P_a 和 P_b，并且 P_a 和 P_b 相互之间是独立的，则$\left\{\bar{a}\cdot\bar{b}\cdot\frac{m_{00}}{n},\bar{a}\cdot b\cdot\frac{m_{01}}{n},a\cdot\bar{b}\cdot\frac{m_{10}}{n},a\cdot b\cdot\frac{m_{11}}{n}\right\}$可以看成是 P_a 和 P_b 的联合概率分布函数并可以表示为式(6.4)。

由于占空比等同于统计信号概率，因此，可以用节点 a 和 b 上的占空比 α_a 和 α_b 替换式(6.4)中的 P_a 和 P_b，这样，式(6.3)就变为式(6.5)。

$$\begin{cases}\bar{a}\cdot\bar{b}\cdot\dfrac{m_{00}}{n}=P_a\cdot P_b\\ \bar{a}\cdot b\cdot\dfrac{m_{01}}{n}=P_a\cdot(1-P_b)\\ a\cdot\bar{b}\cdot\dfrac{m_{10}}{n}=(1-P_a)\cdot P_b\\ a\cdot b\cdot\dfrac{m_{11}}{n}=(1-P_a)\cdot(1-P_b)\end{cases} \tag{6.4}$$

$$\begin{aligned}L_{\mathrm{AVE}}(\alpha_a,\alpha_b)=&L_{00}\cdot\alpha_a\cdot\alpha_b+L_{01}\cdot\alpha_a\cdot(1-\alpha_b)+\\&L_{10}\cdot(1-\alpha_a)\cdot\alpha_b+L_{11}\cdot(1-\alpha_a)\cdot(1-\alpha_b)\end{aligned} \tag{6.5}$$

在将门的静态漏电和由于 NBTI 效应导致的传播时延增加量都表示为占空比的函数后，一个门级电路老化和静态漏电协同优化模型可以表示为

$$\mathrm{COOP}_{\mathrm{A+L}}=W_{\mathrm{A}}\cdot D_{\mathrm{g}}+W_{\mathrm{L}}\cdot L_{\mathrm{AVE}} \tag{6.6}$$

式(6.6)中，W_{A} 和 W_{L} 分别表示在协同优化电路老化和静态漏电时的权重因子(weighted factor)，用来在老化和漏电优化中取得最佳的折中，D_{g} 表示门输出节点的信号最大到达时间。

6.2.2 最佳占空比的求解

基于式(6.6)表示的协同优化模型，可以对 3.3 节介绍的占空比求解过程进行修改来求解可以同时导致电路最小老化和静态漏电的最佳占空比集合。

首先，将式(6.6)这个门级的协同优化模型拓展到整个电路，可以得到电路级的老化和静态漏电协同优化模型：

$$\mathrm{COOP}_{\mathrm{A+L}} = W_{\mathrm{A}} \cdot DP_{\max} + W_{\mathrm{L}} \cdot \sum_{i=1}^{n} L_{\mathrm{AVE}(i)} \tag{6.7}$$

式(6.7)中，$DP_{\max}$表示电路的信号最大到达时间，$\sum_{i=1}^{n} L_{\mathrm{AVE}(i)}$ 表示电路的平均静态漏电，n 表示电路中门的个数。

在获得电路级的老化和静态漏电协同优化模型后，最佳占空比求解过程可以表示为

图 6.5 中，$\mathrm{COOP}_{\mathrm{A+L}}$为优化目标。求解过程中需要遵守的时延和占空比取值约束均与 3.3 节介绍的内容相同。为了减少非线性规划的运算复杂度，式(6.7)中每个门的平均静态漏电表达式被修改为线性形式。例如，2 输入与非门的平均漏电表达式即式(6.5)包含非线性项 $\alpha_a \cdot \alpha_b$。根据占空比计算和传播规则(表 3.2)可以知道，$\alpha_c = 1 - \alpha_a \cdot \alpha_b$($\alpha_c$ 为与非门输出节点的占空比)。因此，式(6.7)可以改写为

最小化　$\mathrm{COOP}_{\mathrm{A+L}}$

约束条件为

(1) 时延约束

(2) 占空比取值约束

图 6.5　最佳占空比求解

$$\begin{aligned} L_{\mathrm{AVE}}(\alpha_a, \alpha_b) = & (L_{00} - L_{01} - L_{10} + L_{11}) \cdot (1 - \alpha_c) + \\ & (L_{10} - L_{11}) \cdot \alpha_a + (L_{10} - L_{11}) \cdot \alpha_b + L_{11} \end{aligned} \tag{6.8}$$

另外需要注意的一点是，由于只有关键通路的时延变化才会影响到电路的时延，所以图 6.5 中的时延约束与 3.3 节相同，只需针对关键门的输入节点。然而，由于需要优化整个电路的静态漏电，因此占空比取值约束需要针对电路中所有门的输入节点。

在获得最佳占空比后，即可采用类 ATPG 算法生成控制向量。向量生成的过程及相应的硬件实现与 6.1 节介绍的内容相同，这里就不再重复介绍了。

6.2.3　实验及结果分析

在本节的实验中，假定电路的服役期为 10 年。同时，实验平台、实验电路、所采用的晶体管模型，以及关键通路和关键门的识别方法和结果均与 6.1.4 节实验部分相同。虽然占空比取值约束是针对电路中所有的门，使得

占空比取值约束项数目有所增多。但由于每项占空比取值约束都比较简单,因此,非线性规划仍然收敛得很快。表 6.4 列出了非线性规划的收敛时间。

表 6.4 非线性规划收敛时间

服役期	收敛时间/s										
	c880	c1908	c2670	c3540	c5315	c7552	s298	s820	s1196	s1238	s9234
10 年	29	43	36	63	95	117	12	20	34	29	139

在获得最佳占空比集合之后,仍然采用与 6.1 节介绍的方法相同的方式生成控制向量。虽然占空比约束项数目增加了,但控制向量的生成仍然是根据电路原始输入端的占空比来进行的。

为了更好地显示本文提出的方法的优化效果,作者提出的方法对电路老化和静态漏电的优化结果同采用文献[70]提出的单控制向量方法(称为 IVC 方法)的优化结果进行了比较。在实现 IVC 方法时,可以导致最小电路老化和静态漏电的最佳向量是从 2000 个随机生成的控制向量中选取的。在 IVC 和本文提出的 M-IVC 方法中,权重因子 W_A 和 W_L(式(6.7))均设为 0.5。电路处于待机模式时的工作温度设为固定值(375 K)。电路的服役期设为 10 年。表6.5 和表 6.6 分别列出了两种方法在不同的待机模式和活动模式时间比例下(表示为 S/A Ratio)对电路老化和静态漏电的协同优化结果。

表 6.5 中,第二、三列给出了通过静态时序分析得到的优化前电路的额定时延值以及通过 HSPICE 仿真得到的电路最差漏电。电路的最差漏电是通过模拟在 2000 个随机生成的控制向量下电路的静态漏电值得到的。第四到第十二列给出了采用 M-IVC 和 IVC 方法后电路时延增加和漏电减少的百分比。由表 6.5 中的数据可以看出,在协同优化电路老化和静态漏电方面,M-IVC 的优化效果大大好于 IVC 方法。在 S/A 比例=1∶9 的情况下,相比于 IVC 方法的优化结果,采用 M-IVC 进行优化后,平均电路时延增加量减少了 56%,而平均电路静态漏电减少量增加了 44%。这些优化结果是在平均使用 5 个控制向量的情况下获得的。因此可以说,通过采用较少的几个控制向量,M-IVC 可以有效地同步优化电路老化和静态漏电。

表 6.5　电路老化和静态漏电协同优化结果(S/A 比例＝1∶9)

电路	优化前		M-IVC					IVC			
	DI/ps	LW/nA	*D*/ps	Δ(＋)	*L*/nA	Δ(－)	IV	*D*/ps	Δ(＋)	*L*/nA	Δ(－)
c880	2101	14 702	2272	8.14	12 520	14.84	3	2435	15.90	13 576	7.66
c1908	2653	18 374	2877	8.44	15 869	13.63	3	3098	16.77	17 184	6.48
c2670	1494	23 462	1539	3.01	21 803	7.07	8	1701	13.86	22 065	5.95
c3540	2167	34 997	2336	7.80	30 777	12.06	4	2478	14.35	31 929	8.77
c5315	2428	61 128	2646	8.98	57 102	6.59	5	2803	15.44	58 785	3.83
s298	867	3859	928	7.04	2911	24.57	2	967	11.53	3693	4.30
s820	1090	8141	1137	4.31	7302	10.31	2	1311	20.28	7577	6.93
s1196	1346	17 187	1467	8.99	15 703	8.63	5	1593	18.35	15 910	7.43
s1238	1445	17 339	1543	6.78	15 996	7.75	8	1699	17.58	16 532	4.65
s9234	1832	70 956	2017	10.10	59 987	15.46	15	2232	21.83	62 455	11.98
AVE				7.36		12.09	5		16.59		6.80

DI：额定电路时延；LW：最差电路漏电；*D*：优化后电路时延；*L*：优化后电路漏电；Δ(＋)：时延增加百分比；Δ(－)：漏电减少百分比；IV：控制向量数目；AVE：平均值。

表 6.6 列出了当 S/A 比例变为 2∶8 和 3∶7 时的优化结果。由于电路静态漏电并不随着电路处于待机模式的时间变化而变化，因此只列出对电路老化的优化结果。

由表 6.6 中的数据可以看出，随着电路所处的待机模式时间增加，M-IVC 对电路老化的优化效果相比较于 IVC 方法更为明显。当待机模式时间所占的比例由 10％上升到 30％后，采用 M-IVC 方法进行优化后，电路时延增加量变化很小。这是因为在电路处于待机模式时采用非均匀的方式施加多个控制向量可以在电路节点上形成最佳占空比集合，因此有效地抑制了 NBTI 效应导致的老化。反之，IVC 方法在电路处于待机模式时采用单向量优化电路老化，会导致电路中某些门在整个待机模式时间段里经受静态 NBTI 效应，造成较严重的老化。由表 6.6 可以看出，当电路处于待机模式的时间增加后，即使采用了 IVC 方法进行优化，电路时延仍然急剧增加。根据以上的讨论可以看出，M-IVC 方法当电路处于待机模式的时间增加时优化效果更为明显。

表 6.6　电路老化和静态漏电协同优化结果(S/A 比例分别为 2∶8 和 3∶7)

电路	S/A 比例=2∶8				S/A 比例=3∶7			
	M-IVC		IVC		M-IVC		IVC	
	D/ps	Δ(+)	*D*/ps	Δ(+)	*D*/ps	Δ(+)	*D*/ps	Δ(+)
c880	2292	9.09	2495	18.75	2302	9.57	2582	22.89
c1908	2889	8.90	3152	18.81	2904	9.46	3261	22.92
c2670	1553	3.95	1761	17.87	1571	5.15	1811	21.22
c3540	2352	8.54	2570	18.60	2380	9.83	2620	20.90
c5315	2661	9.60	2923	20.39	2687	10.67	3065	26.24
s298	939	8.30	1011	16.61	951	9.69	1032	19.03
s820	1160	6.42	1403	28.72	1188	8.99	1481	35.87
s1196	1479	9.88	1637	21.62	1498	11.29	1706	26.75
s1238	1565	8.30	1766	22.21	1586	9.76	1809	25.19
s9234	2032	10.92	2312	26.20	2050	11.90	2398	30.90
AVE		8.39		20.98		9.63		25.19

D：优化后电路时延；Δ(+)：时延增加百分比。

6.3　本章小结

本章首先介绍了采用多控制向量方法(M-IVC)抑制电路处于待机模式时由于NBTI效应导致的老化。按照特定的非均匀方式施加多个控制向量能够在电路中关键门输入节点上形成最佳占空比集合，因此可以有效抑制电路的老化。

随后，拓展了前面的方法，并介绍了采用M-IVC方法协同优化电路老化和静态漏电。通过建立电路老化和静态漏电的协同优化模型，可以求解出同时导致最小电路老化和静态漏电的最佳占空比集合。实验结果证明M-IVC方法可以有效地同步优化电路老化和静态漏电，并且随着电路处于待机模式时间的增加，优化效果愈发明显。

第二部分　系统级参数偏差分析和优化

第7章　参数偏差在系统级的表现和影响

7.1　参数偏差对于多核处理器性能的影响

图像处理、数字音频、视频和模式识别等应用的普及需要越来越高的计算能力，而智能电网、云计算等大规模、智能化应用同样需要高性能芯片的支持。受限于集成电路工艺提高的速度和难度，以及单核处理器过高的设计复杂度和功耗，高性能芯片已从传统的“频率竞争”转变为“多核竞争”。在片上集成更多结构较为简单的处理器核，通过执行多线程程序或多任务提高系统吞吐量(throughput)已成为高性能芯片设计的趋势。目前，工业界已经将主流处理器的设计方向转向多核(multi-core)结构，并推出了一系列的产品，如Intel的4核Xeon、国际商业机器公司(IBM)的8核Niagara等。我国也将研发多核芯片作为信息产业发展的一个重要任务。在国家“863”重大专项的支持下，国内多家单位也相继推出了多核芯片，如中国科学院计算所已流片成功的8核处理器龙芯-3B[118]。得益于晶体管集成密度的不断提高，在片上集成更多的处理器核以实现更高的吞吐量和更低的能耗已成为多核芯片未来发展的必然趋势[119]。

然而，参数偏差造成的不确定性同样会给多核处理器设计带来极大的挑战。虽然参数偏差负面影响的直接表现是晶体管的物理参数出现偏差，但对于处理器而言，这种晶体管级的偏差最终会体现在处理器的性能参数方面，比如操作频率和功耗等。文献[33]在考虑片内系统性和随机性偏差的基础上，首先对晶体管的沟道长度(channel)和阈值电压(threshold voltage)进行偏差建模。随后，将晶体管级的偏差模型应用到处理器的关键通路模型中以获得处理器最大操作频率的分布信息。如图7.1所示，模拟结果显示，晶体管级物理参数的偏差会造成处理器的操作频率同样出现统计分布的情况。而且,偏差越严重,处理器的最大操作频率分布的期望越小,方差越大。很明显,在参数偏差的影响下,处理器可以达到的最大操作频率同样会偏离设计预期。这会导致量产处理器在制造后,出现部分芯片的性能参数无法达到设计要求的情况,从而提高生产成本,同时降低产品的利润。

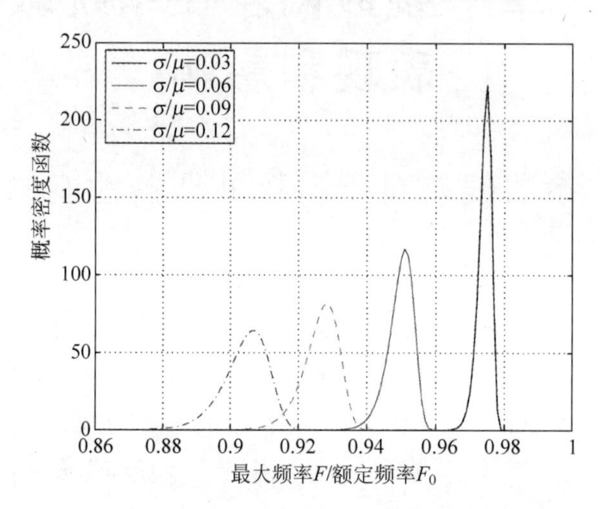

图 7.1 参数偏差影响下处理器最大操作频率的分布情况[33]

受益于晶体管集成数量的增加,多核处理器中处理芯核的集成规模也随之增加。如提勒拉(Tilera)推出的 TILE64[120] 多处理器片上系统(multi-processor system-on-chips,MPSoC)在一个硅片上集成了 64 个处理核心。在这种面向计算吞吐量(throughput)的设计方法中,处理芯核的结构越来越简单,物理尺寸越来越小,但数量越来越多。由于片上多是一些结构简单的小核,参数偏差会造成量产的一批处理芯核的性能参数偏离设计额定值且呈现统计分布。而具体到单独的多核处理器芯片,位于不同区域、不同位置的处理芯核,其性能参数会出现明显差异。文献[121]分析了工艺偏差对于多核处理器中不同处理芯核性能参数的影响。实验分析发现,在偏差影响下,处理芯核之间操作频率的差异最大可以达到 20%。由于处理芯核之间存在较大的性能差异,所以采用传统的全局同步设计方法时,多核处理器的最大操作频率取决于最慢的处理芯核,不能充分发挥多核处理器在计算吞吐量方面的优势。因此,为了克服参数偏差的负面影响,在优化多核处理器能够实现的计算吞吐量方面需要采用新的设计思路和设计方法。

7.2　基于电压/频率岛的全局异步-局部同步设计方法

为了克服参数偏差导致的处理芯核间的性能差异，近几年，一些研究人员提出将基于电压/频率岛（voltage/frequency island，VFI）的全局异步-局部同步方法（globally-asynchronous-locally-synchronous，GALS）应用于多核处理器的设计中。在这种设计方法中，处理芯核在设计阶段被划分到多个电压/频率域内，每个电压/频率域称为一个电压/频率岛。每个电压/频率岛内的处理芯核性能参数较为接近且以相同的工作电压和频率运行；不同的电压/频率岛之间则以不同的电压/频率运行。这种做法能够有效地减小电压/频率岛内核间性能的差异，从而提高系统总的计算吞吐量。图 7.2 展示了一个基于电压/频率岛设计的多核处理器结构示意图。如图所示，处理元素按网格（mesh）方式组织，每个网格内包含一个处理元素和一个片上路由器，借助片上网络（network-on-chip，NoC）进行数据通信。图中位于相同颜色区域的处理芯核同属一个电压/频率岛，采用相同的电压/频率运行。电压/频率岛之间的数据同步通过混合电压/频率先入先出缓存（FIFO）实现[122]。

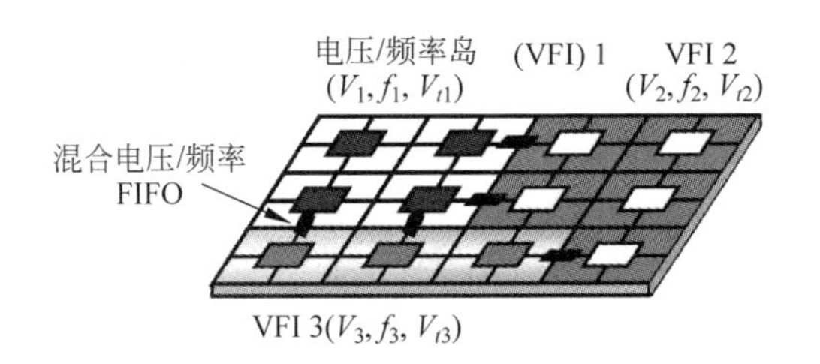

图 7.2　基于电压/频率岛的全局异步-局部同步多核处理器设计方法示意图[123]

当前，已有一些商用多核处理器产品采用了基于电压/频率岛的全局异步-局部同步设计方法。例如，超微半导体（AMD）推出的四核处理器 Opteron™[123]，片上每个处理芯核均为一个独立的电压/频率岛。Intel 公司推出的 48 核 IA-32 处理器中，48 个处理芯核被划分为 24 个电压/频率岛[124]。图 7.3 给出了处理器结构示意图。如图 7.3 所示，为降低设计及制造成本，电压/频率岛的划分采用规则方式，将相邻的两个处理芯核划分到同一个电压/频率岛内。岛内处理芯核之间的通信直接通过消息传递缓存 MPB 实现；而电压/频率岛之间的数据通信则通过片上网络实现。不同电压/频率域之间的数据同步采用混合电压/频率 FIFO 实现。在这种全局异步-同步设计方法的支持下，该处理器既可以采用 0.7 V 操作电压/300 MHz 操作频率的低功耗方式工作，也可以采用 1.3 V 电压/1.3 GHz 的高性能方式运行。处理器运行时的最低功耗只有 25 W。

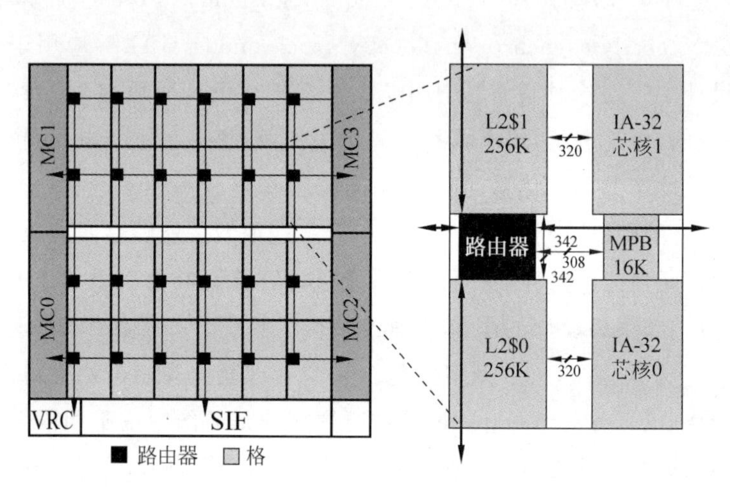

图 7.3　基于多电压/频率岛设计的 48 核 IA-32 处理器结构示意图

第 8 章　相关的国内外研究现状

8.1　系统级偏差建模和分析方法

文献[33]开发了一个统计性能模拟器，用以分析和量化参数偏差影响下多核处理器的最大操作频率和计算吞吐量的分布。分析过程中考虑了片间和片内偏差的影响，对晶体管和互连线物理参数的统计分布进行了建模。与电路级的偏差分析不同，多核处理器的性能参数主要体现为计算吞吐量。因此，文献[33]结合周期精度的性能模拟器，面向高度并行化的多线程应用建立了多核处理器的吞吐量统计分布模型。图 8.1 给出了其分析结果。

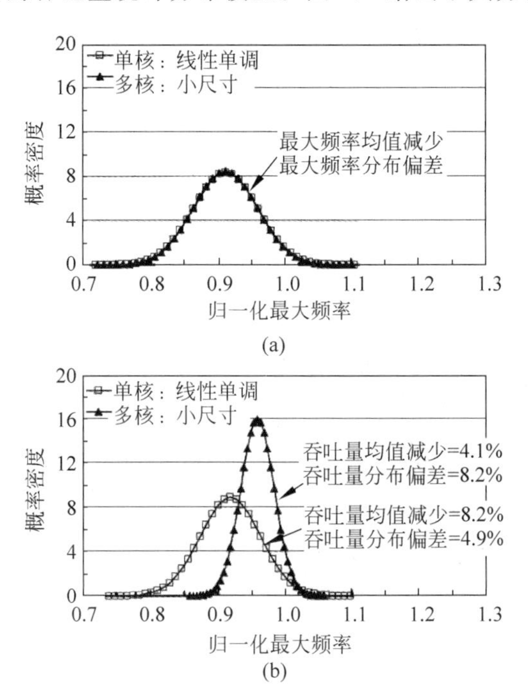

图 8.1　参数偏差影响下多核处理器的最大操作频率和计算吞吐量分布[33]

通过对小、中、大三种尺寸的多核处理器进行偏差分析发现，访存延迟和带宽的约束很明显限制了多核处理器中处理芯核最大操作频率分布的相关性。结果表明：对于小核和中核而言，计算吞吐量分布的均值和方差减小了约 50%；对于大核而言，计算吞吐量分布的均值和方差减小了约 30%。这表明，多核处理器设计具有更好的天然抗偏差能力。

文献[125]提出一个微体系结构模型 VARIUS 用以分析片上偏差影响下，处理器内部的时序违约情况(timing violation)。他们的主要贡献是提出方法以度量片上系统性偏差分布具有的空间相关性情况。首先，将硅片面积划分成等尺寸的方格。每个方格内用两个随机变量表示片上随机性偏差和系统性偏差。通过建立相关系数与方格间物理距离的函数关系来度量不同方格内系统性偏差分布的相关性。式(8.1)给出了相关性函数：

$$\rho(r)=\begin{cases}1-\dfrac{3r}{2\phi}+\dfrac{1}{2}\left(\dfrac{r}{\phi}\right)^3, & r\leqslant\phi;\\ 0, & r>\phi\end{cases} \tag{8.1}$$

式(8.1)中，ϕ 是一个距离参数，用以度量相关性变为 0 的距离。r 表示两个方格中心点的物理距离。$\rho(r)\in[0,1]$，表示两个随机变量分布的相关程度。$\rho(r)$的取值越接近于 1，表示相关性越强；反之，表示相关性越弱。

借助式(8.1)，文献对晶体管的沟道长度和阈值电压进行了偏差建模。图 8.2 给出了硅片上晶体管的阈值电压分布情况。

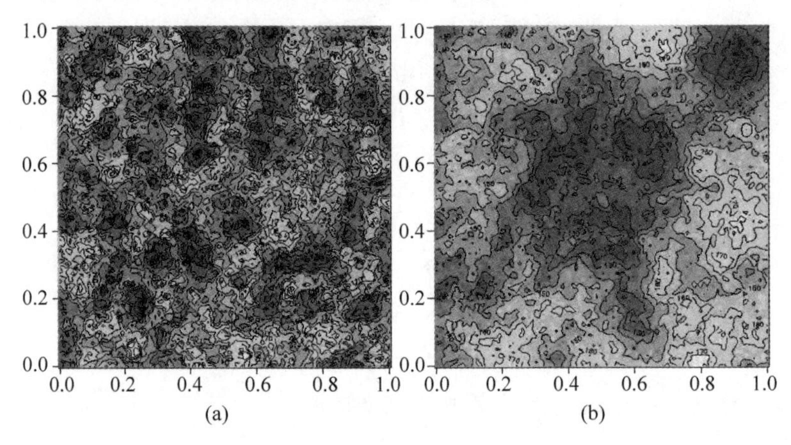

图 8.2 阈值电压系统性偏差分布情况

(a) $\phi=0.1$；(b) $\phi=0.5$

从图8.2可以看出，物理距离越接近的晶体管，其阈值电压分布的相关性越强。反之，距离较远的晶体管，其阈值电压分布的相关性较弱，甚至可以看成是独立的。

将晶体管级的偏差模型代入到处理器各部件的时序模型中，通过蒙特卡罗模拟可以获得处理器操作频率的分布数据。通过实验分析发现，对于一批次的量产芯片而言，当晶体管物理参数分布的方差和均值的比例增加时，这批量产芯片操作频率分布的均值减小而方差变大。这表明，在偏差影响下，更多的处理器芯片，可以实现的操作频率会下降且偏离设计额定值越大。

8.2　基于全局异步-局部同步设计的系统级偏差优化方法

文献[125]面向基于片上网络的多核处理器平台提出了电压/频率岛划分方法，如图8.3所示。最初，将多核处理器中每个处理芯核看成是单独的电压/频率岛。随后，采用两两合并的方法，将相邻的处理芯核合并到同一个电压/频率域中，组成新的电压/频率岛。每次形成新的电压/频率岛之后，重新计算当前划分方案下处理器执行任务的能耗，并选择具有最小能耗的方案作为本轮最优的电压/频率岛划分方案。合并采用迭代方式进行，一直到平台中所有处理芯核都属于同一个电压/频率岛为止。所有合并轮次中能耗最低的方案就作为最终的电压/频率岛划分方案。文献[122]工作的不足之处在于采用暴力搜索方式进行处理芯核的合并，因而需要较长的计算时间。

文献[126]面向基于片上网络的多核处理器平台，提出了能耗感知的电压/频率岛设计方法。除了划分电压/频率岛之外，在考虑减小通信能耗的前提下，他们提出了任务到处理芯核之间的映射方法，如图8.4所示。优化流程分为电压/频率岛划分、任务映射及确定路由方案的三个步骤。在电压/频率岛划分阶段，所有处理芯核假定并未确定相互之间的连接方式和拓扑，因而，划分过程可以形成任意形状的电压/频率岛。与文献[122]相似，所有划分方案中，具有最小能耗的那一种被选为最优方案。随后，采用启发式方法进行任务与处理芯核的映射。在映射过程中，具有较大通信能耗的任务会被尽量放入同一个电压/频率岛内，以减小跨电压/频率域的能耗。最后，确定处理

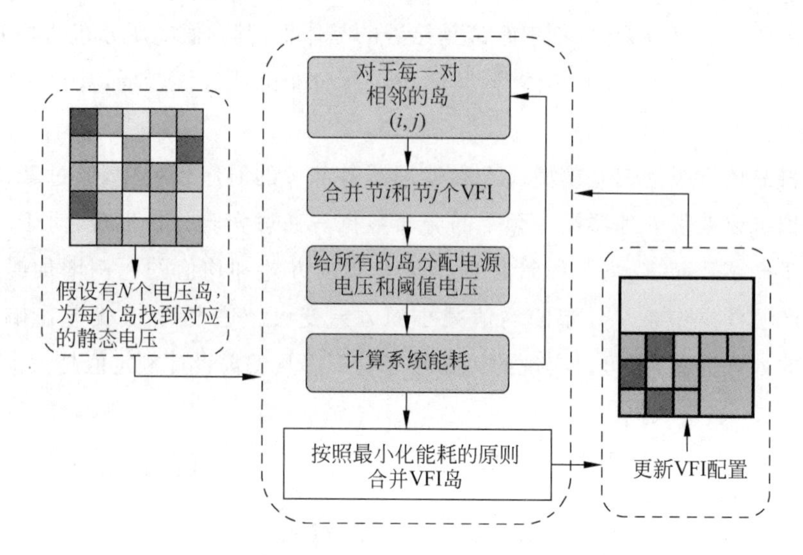

图 8.3　静态电压/频率岛划分方法示意图[122]

芯核之间、电压/频率岛之间的互联关系及路由方式,遵循的原则仍然是力图最小化跨电压/频率域的能耗。然而,他们的工作实际上是定制片上网络的结构和路由方法,因而通用性较差。

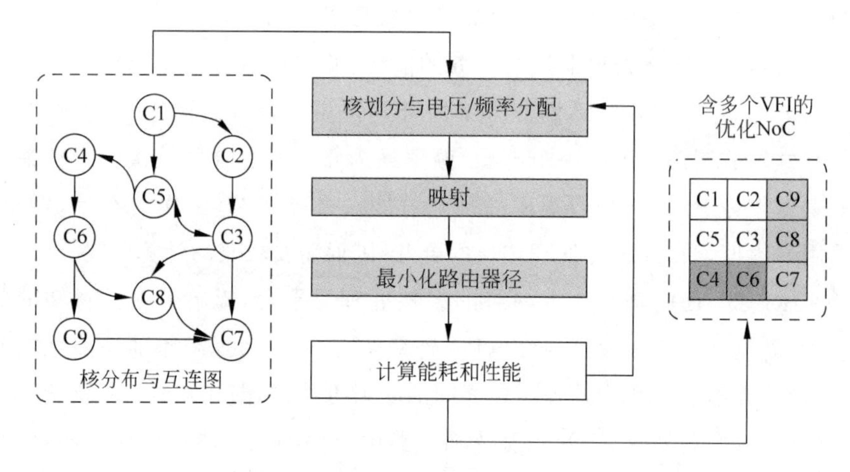

图 8.4　电压/频率岛划分、任务映射及路由方式设计示意图[126]

除了上述文献提出的研究工作以外,文献[127]提出将任务调度与电压选择统一考虑,并将上述问题模型化为整数线性规划问题。文献[128]则提出最早截止时间约束算法用于面向多处理器片上系统进行任务的分配与调度。文献[129]则分析了参数偏差影响下多电压/频率岛平台上任务执行时间的统计边界，并用来指导电压/频率岛的划分及任务的调度决策等。

考虑参数偏差的影响，很多研究工作提出采用统计任务调度的方法优化系统的时序性能，避免出现时序违约情况。例如，文献[130]面向多处理器片上系统，提出了偏差感知的任务分配和调度算法。为了指导算法的优化决策，他们提出了一个指标并命名为"性能良品率"。这个指标表示考虑参数偏差的影响，所有任务完成调度之后，满足系统截止时间约束的概率。文献[131]提出偏差感知的准静态(quasi static)任务调度算法。在任务调度过程中，通过采用蒙特卡罗模拟方法实时计算每次任务调度之后的性能良品率并调整任务调度的方案。文献[132]在统计任务分配和调度过程中，引入非概率方法，以确定性方式计算性能良品率，力图降低涉及随机变量计算的复杂度。文献[133]则在任务调度算法中进一步地考虑了处理芯核之间存在的资源竞争和共享问题。

近些年来，为了解决二维多核芯片的访存瓶颈问题，三维结构的电路和处理器设计获得了广泛的关注。其中，三维多核结构(3D multi-core)是一种能够结合三维集成电路与多核设计优点的高性能芯片设计方式[134,135]。三维多核结构不仅可以增加单位面积上的处理芯核数目、垂直互联方式，还可以极大地增加访存带宽[136]。对于不断增加的高性能、高吞吐以及未来高并行度的应用需求来说，三维多核芯片无疑具有广阔的应用前景[137]。然而，与二维芯片不同，三维芯片具有独特的制造流程和结构。例如，三维集成电路中不同层的硅片往往来自于不同的晶圆(wafer)。因此，除了片内参数偏差，三维多核芯片中分别处于不同层的处理芯核还会受到不同片间参数偏差的影响。相应地，面向三维芯片的偏差分析和优化方法需要有新的思路。另一面，不同于二维芯片，三维芯片具有更严格的热约束。三维芯片在垂直方向上的散热较为困难，运行时垂直方向上温度上升很快[138]。因此，针对包含多个处理芯核层的三维多核芯片划分和配置 VFI 时，必须考虑系统，尤其是垂直方向上的热约束。否则，芯片运行时可能很快会在垂直方向上形成热点(hot spot)，造成热阻塞(thermal throttle)，导致系统实际性能低于设计预期。

面向三维芯片，文献分析了多电压/频率岛设计对于三维多核处理器功耗和性能的影响，如图 8.5 所示。实验数据和分析表明，采用多电压/频率岛设计的三维多核芯片相比较于同等设计的二维平台，能够更好地实现功耗的优化。

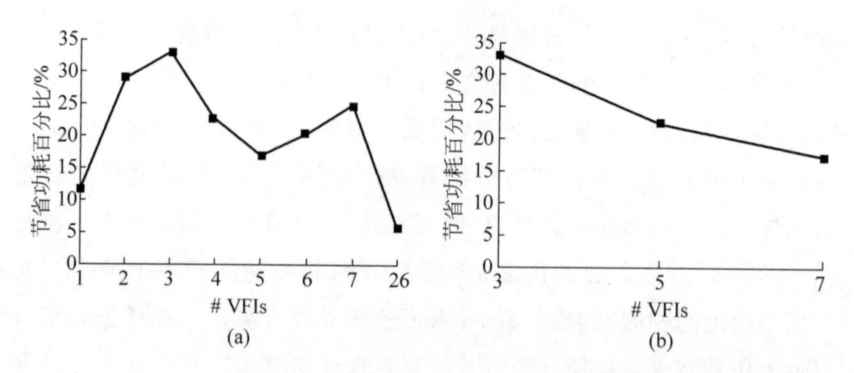

图 8.5　采用电压/频率岛设计的三维芯片相对于二位芯片实现的功耗降低数据

(a) 不同 VFI 数目下功耗降低数据；(b) 不同硅片面积下功耗降低数据

文献[139]在假定三维多核芯片具有每核 VFI 配置的前提下，提出了优化系统功耗的方法。他们首先建立了三维多核结构的热模型，用以量化三维多核平台执行程序时由于散热造成的温度分布情况。随后，基于热模型提出了任务调度算法。其核心思想是将始终试图将任务调度到当前时刻温度最低的空闲处理芯核上，以便于平衡整个平台的温度分布，降低三维多核芯片的峰值温度。文献[140]提出了均衡线程分配算法，通过考虑线程间的热差异进行线程分组并调度到核栈上，以实现三维多核芯片的热均衡。文献[141]提出了结合任务调度和电压调节实现三维多处理器 SoC 的热优化。通过考虑工作负载和异构处理芯核本身的热差异，提出了操作系统级的动态热管理技术。然而，上述研究工作均只关注热优化，忽略了系统能耗的优化。

第9章　参数良品率感知的多处理器片上系统能耗统计优化方法

随着集成电路制造工艺的不断进步，硅片上集成的晶体管数目也随之增加。这种技术的进步推动了嵌入式芯片由以前的单核模式向着多核、多处理器模式转变。目前，多处理片上系统芯片(multi-processor system-on-chips, MPSoCs)已有了商用化产品[142]。通过在硅片上集成各种类型的处理元素(processing element, PE)，比如多处理芯核、数字信号处理器和嵌入式存储模块等，MPSoC能够为高性能应用提供完整的系统功能和解决方案。

嵌入式系统在实际使用时，经常依靠电池供电。因此，对于嵌入式MPSoC而言，实现高能效(energy efficiency)是其首要的设计目标，即在满足一些实时性约束的条件下，能够以最少的能耗完成指定的任务或功能。以电压/频率岛为代表的全局异步-局部同步设计方法能够有效地实现高能效的设计目标。这种设计方法可以为MPSoC中不同类型的处理元素设置最优的电压和操作频率，以保证这些处理元素能够以最节能的方式完成分配给它们的任务，同时满足系统的实时性约束。

然而，不断恶化的参数偏差却给以电压/频率岛为代表的全局异步-局部同步设计方法带来了新的挑战。在工艺偏差的影响下，制造后MPSoC芯片中的处理元素的操作频率和功耗会偏离设计额定值并呈现出随机分布的特点。这种不确定性导致划分后的电压/频率岛的各种性能参数同样表现为统计分布。此时，调度或分配到处理元素上的任务的执行时间和功耗已不再是确定值，而需要看作是服从统计分布的随机变量。面向上述参数偏差造成的不确定性问题，基于额定值的传统能效优化方法不能保证优化效果在任何工艺拐点处都能满足设计预期；而基于最坏情况考虑的保守优化方法却会引入较大的成本和开销。由此可见，考虑参数偏差，基于电压/频率岛的高能效设计需要引入统计分析和优化方法。

面向基于电压/频率岛设计的 MPSoC,本章介绍一种偏差感知的统计能耗优化方法[143]。与已有方法不同,我们的方法考虑了参数偏差影响下,任务执行时间和功耗表现出的概率特点,结合统计分析和优化方法实现电压/频率岛的划分、处理元素电压和操作频率的设定以及任务调度。为了确保优化后的设计在任意工艺拐点处都能满足系统实时性的约束,我们采用性能良品率(performance yield)[130]作为整个优化流程中的约束指标。本书中,性能良品率定义为优化后的设计满足系统实时性约束(如任务截止时间约束)的概率。另外,我们发现,在参数偏差影响下,同构设计的 MPSoC 中,处理元素操作频率和功耗参数的分布较为相似;但在异构设计的 MPSoC 中,这些参数的分布差异很大。因此,我们又提出了能耗优化敏感度和最低操作电压两个参数。这两个参数不仅有利于我们的方法能够同时适用于同构和异构 MPSoC 平台,还能够帮助我们更好地挖掘优化空间,实现更有针对性的优化。实验结果表明,相比于确定性方法,我们的方法能够将性能良品率提高到 45%;与考虑最坏情况的保守方法相比,方法能够减少平均 39%的能耗;在相同的性能良品率约束下,与已有的统计任务调度方法相比,我们的方法能够减少平均 33%的能耗。

9.1　背景知识介绍

9.1.1　目标平台与应用

图 9.1(a)显示了适用于本章所介绍方法的目标平台。为不失一般性,目标平台为格状(tile)结构 MPSoC。每个格内包含一个处理元素和路由器(router)。通过片上网络 NoC(network-on-chip)支持格间通信。此目标平台既可以是同构 MPSoC,也可以是异构 MPSoC。同构 MPSoC 中,所有处理元素均属同一类型。同构 MPSoC 的典型商业化代表是 Tilera 公司的 TILE64[120]。与之相反,异构 MPSoC 中包含不同类型的处理元素,比如微处理器、数字信号处理器、专用处理器等。其典型商业化代表是 Nexperia[144]。与许多嵌入式 SoC 芯片类似,我们假定目标平台中的处理元素具备电压调节能力,能够在 5 种不同的电压/频率等级上运行。位于电压/频率岛边界的混

合电压/频率 FIFO 则负责实现不同电压/频率等级间的数据同步功能。

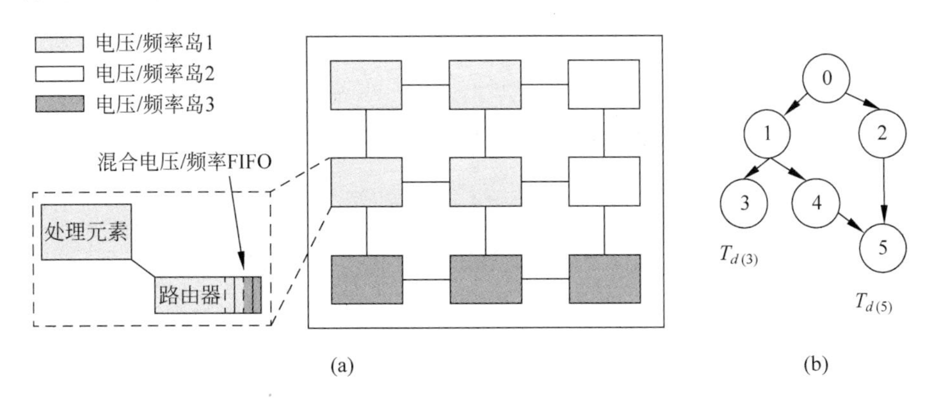

图 9.1　目标平台与目标应用

该目标平台所执行的目标应用程序假定可表示为通信任务图的高确定性应用。如图 9.1(b)所示，任务图为有向非循环图(directed acyclic graph, DAG)。图中每个顶点(vertex)表示一个任务，有向边表示任务之间的控制和数据相关，即任务在执行顺序上的依赖关系。图中所有叶节点代表的任务都有对应的截止时间约束，用以表示该任务执行时所允许的最晚截止时间(如图 9.1(b)中的 $T_{d(3)}$，$T_{d(5)}$)。

9.1.2　能耗模型

考虑图 9.1(a)所示的目标平台，在其上执行如图 9.1(b)所示的通信任务图时，系统总能耗可看成是计算能耗和通信能耗之和。假定任务图包含 n 个任务，则执行所有任务的计算能耗 E_{comp} 可以表示为

$$E_{\text{comp}} = \sum_{i=1}^{n} \text{NC}_j \cdot C_{ij} \cdot V_i^2 \tag{9.1}$$

式中：NC_j 表示执行任务 j 所需的时钟周期数，此参数与处理元素的电压和频率无关；C_{ij} 表示当任务 j 在处理元素 i 上执行时，每周期的平均开关电容；V_i 表示处理元素 i 的操作电压。

为了计算通信能耗，参考文献[122]中的方法，首先定义在两个处理元素之间传输一位数据所需的位能耗 E_{bit}：

$$E_{\text{bit}} = \sum_{i}^{n_V} (E_{\text{bit}}^{\text{R}}(i) + E_{\text{bit}}^{\text{Link}}(i) + E_{\text{bit}}^{\text{FIFO}}(i)) \frac{V_i^2}{V_{DD}^2} \tag{9.2}$$

式中：E_{bit}^{R}、E_{bit}^{Link}和E_{bit}^{FIFO}分别表示消耗在路由器、链路和混合电压/频率 FIFO 上的位能耗；n_V 表示通信路径经过的电压/频率岛的数目；V_i 表示电压/频率岛 i 的操作电压。基于位能耗公式，一个包含 m 个通信事务(transaction)的通信任务图，其执行过程中所消耗的总的通信能耗可以表示为

$$E_{comm} = \sum_{k=1}^{m} E_{bit} \times Q_k \tag{9.3}$$

式中，Q_k 表示在通信事务 k 中，两个处理元素间传递的数据量。

9.1.3　延迟模型

与通信任务图执行时间相关的参数中，我们定义某个任务的最晚完成时间 FT 如下：

$$\mathrm{FT}_i = T_{exe}(i) + T_{comm}(i) \tag{9.4}$$

式中，$T_{exe}(i)$表示任务在处理元素 i 上执行的时间。若任务执行所需时钟周期数为 NC，处理元素 i 的操作频率为 f_i，则有 $T_{exe}(i)=\dfrac{\mathrm{NC}}{f_i}$。$T_{comm}(i)$表示在任务与其所有前继任务的通信事务中最大的通信时间。对于任何任务而言，FT 均小于或等于指定的截止时间约束。

式(9.4)中的通信延迟 T_{comm}可进一步定义为

$$T_{comm} = \sum_{i=1}^{n} \frac{\mathrm{NC_R}}{f_i} + \sum_{j=1}^{m} \frac{\mathrm{NC_{FIFO}}}{f_i} + \frac{Q_k}{W} \tag{9.5}$$

式中：$\mathrm{NC_R}$ 表示在片上网络中，一个数据分片(flit)经过路由器和输出链路所需的时钟周期数目；n 表示数据在两个处理元素之间进行传递所需经过的跳数(hop)；$\mathrm{NC_{FIFO}}$表示一个数据分片经过混合电压/频率 FIFO 时所需的时钟周期数目；m 表示数据分片在片上网络中传递时经过的电压/频率岛的数目；W 表示链路带宽。很明显，式(9.5)中的前两项表示数据分片中头包(header flit)传递的延迟；而最后一项表示分片串行化的延迟。

9.1.4　统计任务调度

如前所述，在工艺偏差影响下，MPSoC 中处理元素的操作频率会偏离设计额定值并应视为随机变量。相应地，式(9.4)和式(9.5)中任务的执行时间

也应看作是服从统计分布的随机变量。这种情况下，在任务调度过程中经常采用统计时序分析(statistical timing analysis)以确保任务图的执行满足指定的参数良品率要求。在统计时序分析中，通常采用两个原子操作(atomic operation)sum 和 max 来计算随机变量的和与最大值。假定两个服从高斯分布的随机变量 X 和 Y，其各自的期望和方差为 μ_X、μ_Y 和 σ_X、σ_Y。则 X、Y 的和仍可看作是一个高斯随机变量，其期望可以表示为 $\mu_X+\mu_Y$，方差可以表示为 $\sqrt{\sigma_X^2+\sigma_Y^2-2\rho\sigma_X\sigma_Y}$。$\rho$ 表示随机变量之间的相关系数。对于 X 和 Y 的最大值，经常采用紧概率(tight probability)来比较随机变量的大小。紧概率能够计算出一个随机变量大于另外一个随机变量的概率。基于紧概率，采用 Clark 方程[146]可以计算出两个随机变量的最大值。

9.2 统计能耗优化方法

9.2.1 问题归纳

本章内容研究的问题可以归纳如下：

(1) 一个有向非循环图包含一组任务和有向边。每个任务包含执行所需时钟周期数、功耗和截止时间约束等相关信息。有向边表示任务之间执行时的控制和数据相关性，且在有向边的标注中包含两个任务之间的通信数据量。

(2) 一个 MPSoC 平台，包含多个异构或者同构的处理元素。已知在工艺偏差影响下，处理元素的频率分布数据。

(3) 一组设计约束，比如性能良品率约束条件等。

实现偏差感知的统计任务调度、电压/频率岛划分和操作电压配置，在满足系统性能良品率约束的前提下，最小化系统能耗。

9.2.2 优化方法概述

图 9.2 给出了我们提出的方法的示意图。如图所示，提出的统计能耗优化方法包含两个环节：第一个环节是统计偏差模拟，此环节可以根据偏差模型和关键通路模型，模拟实现工艺偏差影响下处理元素的频率分布。随后，可以抽取处理元素频率分布的相关性信息，将这些信息输入统计时序分析中

用以计算性能良品率,指导随后的统计能耗优化决策。除此之外,偏差模拟的结果显示,与异构 MPSoC 不同,在偏差影响下,同构 MPSoC 中处理元素的频率分布较为相似。这些情况需要在统计任务调度算法中予以考虑。第二个环节是统计能耗优化算法的实现。在此环节中,始终将性能良品率作为指导算法收敛的标准。同时,定义能耗优化敏感度(energy optimization sensitivity, EOS)用以量化任务在调度过程中的优先级。这个参数与最低操作电压(lowest operating voltage, LOV)一起用来指导任务的调度及确定处理元素的操作电压等级。在电压/频率岛划分过程中,首先将每个处理元素看出是一个独立岛。随后合并相邻的处理元素,组成新的电压/频率岛并调整处理元素的操作频率。合并过程会遍历所有可能的组合方案,包括每个处理元素对应一个电压/频率岛,所有处理元素同属一个电压/频率岛等。在所有的组合方案中,能够满足指定的性能良品率约束且实现最小能耗的方案会被选为最后的电压/频率岛划分方案。

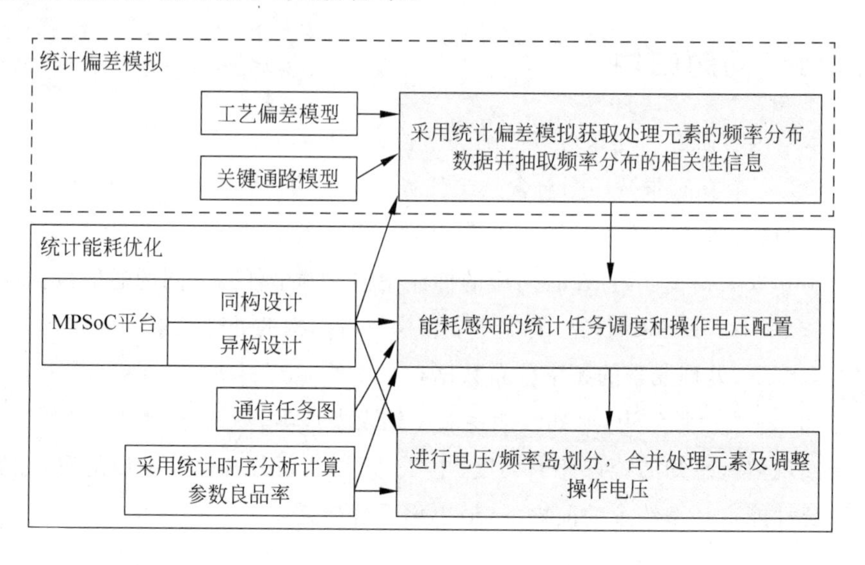

图 9.2 统计能耗优化方法示意图

9.2.3 统计偏差模拟

统计偏差模拟首先对沟道长度(channel length)和阈值电压(threshold voltage)这两个晶体管的典型物理参数进行偏差建模。在建模过程中,不仅考虑了片内随机性偏差，还考虑了系统性偏差的空间相关性。具体来说，MPSoC 的版图面积可以被划分成许多小的、等尺寸的方格(grid)。每个方格内，均采用两个随机变量表示系统性和随机性偏差，且两种偏差分布都假定服从标准正态分布。采用 VARIUS 模型[125]来刻画系统性偏差的空间相关性。任意两个方格之间，其系统性偏差分布的相关性计算方法可以表示为

$$\rho(r)=\begin{cases}1-\dfrac{3r}{2\phi}+\dfrac{1}{2}\left(\dfrac{r}{\phi}\right)^{3}, & r\leqslant\phi;\\ 0, & r>\phi\end{cases}\tag{9.6}$$

式(9.6)中：ϕ 是一个距离参数，用以度量相关性变为 0 的距离；r 表示两个方格中心点的物理距离；$\rho(r)\in[0,1]$，表示两个随机变量分布的相关程度；$\rho(r)$的取值越接近于 1，表示相关性越强；反之，表示相关性越弱。

基于上述偏差模型，采用蒙特卡罗模拟可以获得晶体管沟道长度和阈值电压的分布数据。随后，将这些分部数据代入到处理元素的关键通路模型[33]可以获得处理元素操作频率的分布信息。关键通路模型借助 HSPICE 模拟来获得不同工艺节点下，不同类型处理元素中关键通路的逻辑级数。处理元素包含的关键通路数目则可以通过将处理元素的版图面积除以偏差分布高度相关的区域面积获得(例如，文献[33]建议 0.02 mm^2)。

我们将上述偏差模拟方法分别应用到同构和异构 MPSoC 平台中。总的片上偏差设定为 10%，且平均划分到系统性和随机性偏差中。对于沟道长度，其标准偏差与均值的比例设定为阈值电压的一半[125]。系统性偏差分布的相关性距离系数 ϕ 设定为 0.5。根据模拟结果，我们可以得到两个重要的信息。

(1) 片上系统性偏差分布的空间相关性会导致处理元素之间存在操作频率分布的相关性。图 9.3 显示了芯片不同区域晶体管阈值电压分布的相关性情况，以及相应的处理元素操作频率的分布。由图 9.3 可以明显看出，距离较近、相邻的两个处理元素，其操作频率的分布具有明显的相关性。与之相反，距离较远的两个处理元素，其操作频率的分布可以看作相互独立。这就表明，分配到处理元素(尤其是相邻的)上的任务，其执行时间分布同样会有相关性。因此，需要在统计时序分析计算性能良品率时考虑上述因素。

(2) 与异构 MPSoC 不同，同构 MPSoC 中处理元素的频率分布没有明显区别。图 9.4 显示了一个同构 MPSoC 中处于不同物理距离的三个处理元素

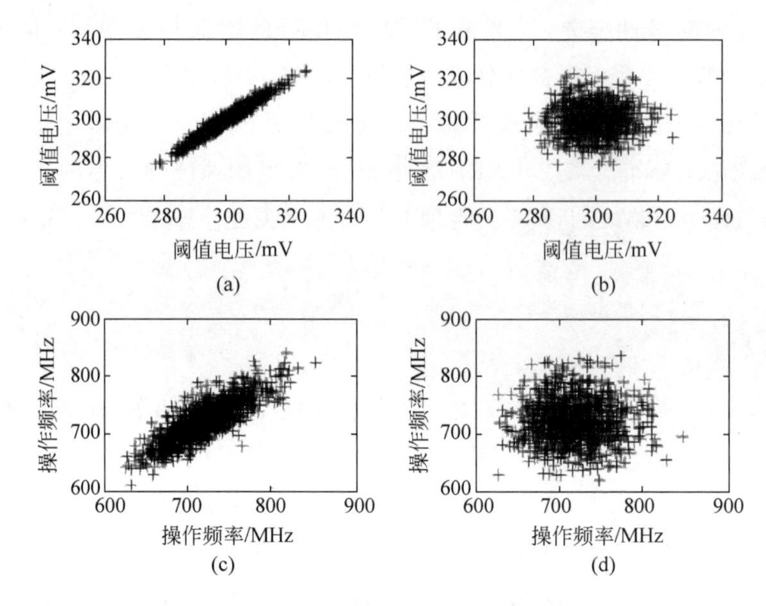

图 9.3 参数分布的相关性情况

(a) 相邻方格间阈值电压的分布($r<\phi$)；(b) 距离较远的方格间阈值电压的分布($r>\phi$)；
(c) 相邻的处理元素间操作频率的分布($r<\phi$)；(d) 距离较远的处理元素间操作频率的分布($r>\phi$)

频率分布的概率密度函数。可以看出，三个处理元素各自操作频率分布的均值和方差非常接近，而与这三个处理元素之间的物理距离无关。我们同样在统计时序分析过程中考虑上述情况以求获得更大的优化空间。注意，异构MPSoC中不存在上述情况，因为异构MPSoC中不同类型的处理元素本身的性能参数存在着很大差别。

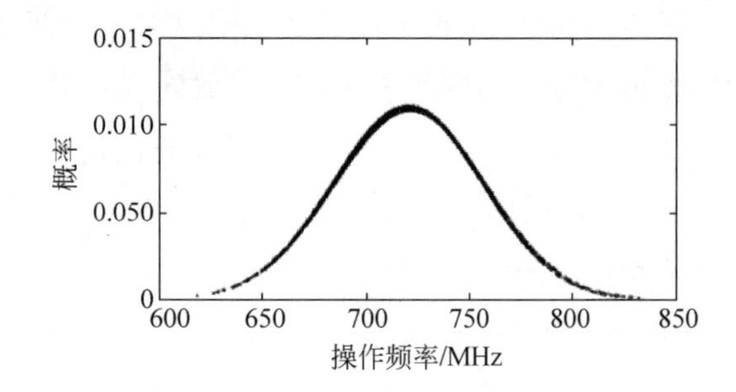

图 9.4 同构 MPSoC 中三种处理元素操作频率的分布

还需要注意一点，如果考虑偏差非常大的这种极端情况，同构MPSoC中相同类型的处理元素其操作频率的分布就可能出现较大差异。这时，我们可以把同构 MPSoC 看作是异构的，并按照后面介绍的方法进行处理。

9.2.4 统计能耗优化

与已有方法不同，我们的统计能耗优化方法在整个优化过程中始终将性能良品率作为优先考虑的约束条件。优化方法在任务调度、操作电压配置和电压/频率岛划分过程中均采用统计时序分析来计算相关的统计信息。文献[128]已经证明，面向 MPSoC 平台的能耗优化是一个 NP 困难问题。因此，我们定义两个参数：能耗优化敏感度(energy optimization sensitivity，EOS)和最低操作电压(lowest operating voltage，LOV)来引导优化决策。采用两个参数，不仅有利于搜索更大的优化空间，还保证了我们的优化方法能够同时适用于同构和异构 MPSoC 平台。

1. 能耗优化敏感度

能耗优化敏感度表示某个任务在处理元素上执行时，调节处理元素的操作电压和频率后，任务能耗的变化程度。在任务调度过程中，具有更大能耗优化敏感度的任务会被赋予更大的执行时间余量(slack)。执行时间余量指的是任务截止时间与实际执行时间的差值。这些任务因而能够以更低的电压/频率运行，从而大幅降低任务能耗。对于某个任务 task_i，其能耗优化敏感度 EOS_i 可以表示为

$$\text{EOS}_i = \sum_{j=0}^{n} \frac{E_{n(ij)}}{n} \tag{9.7}$$

式(9.7)中：$E_{n(ij)}$ 表示任务 i 以额定操作电压/频率在处理元素 j 上运行时的能耗；n 表示 MPSoC 平台中的处理元素数目。很明显，式(9.7)对于同构或异构 MPSoC 平台都是适用的。

2. 最低操作电压

参数最低操作电压的作用主要是将任务调度与随后的操作电压配置过程联系起来。此参数表示任务在处理元素上执行时，能够实现最低能耗但同时又能满足任务截止时间约束的最低操作电压。假定某个任务，其额定执行时间为 T_{exe}，执行时间余量为 T_{s}，则任务的截止时间 T_{d} 可以表示为 $T_{\text{d}}=T_{\text{exe}}+T_{\text{s}}$。如果任务所在处理元素其操作电压持续降低，任务的执行时间 T_{exe} 会随之增加但

执行时间余量 T_s 会相应减少。因此，定义能够导致执行时间余量 T_s 接近于 0 的电压值为任务执行时的最低操作电压。任务调度过程中，具有相同最低操作电压的任务会被尽量调度到同一个处理元素上执行。这种策略有利于处理元素始终能够以任务的最低操作电压运行，从而大幅降低任务执行的能耗。

在工艺偏差的影响下，处理元素的操作频率偏离设计额定值而应该被视为随机变量。因此，调度到处理元素上执行的任务，其执行时间和执行时间余量同样具有了统计特征。与前述偏差建模时一样，任务的执行时间和执行时间余量也假定是服从正态分布的随机变量。此时，最低操作电压应保证在任何工艺拐点处，哪怕是最坏情况下，任务的执行时间仍能满足其截止时间约束。假定任务的统计执行时间余量具有均值 μ 和标准方差 σ，我们采用 $\mu-3\sigma>0$ 来表示任务执行时间的最坏情况。也就是说，如果任务的最低操作电压能够保证任务执行时间余量的 $\mu-3\sigma>0$，则可以认为此最低操作电压能够保证在任何工艺拐点处，任务的执行时间都能满足指定的截止时间约束。

9.2.5 统计任务调度和操作电压配置

图 9.5 给出了算法的伪代码。如图 9.5 所示，首先，在预处理阶段为每个任务分配执行时间余量。具有更大能耗优化敏感度的任务会被分配更多的执行时间余量。为了实现上述执行时间余量的分配，我们首先在额定电压/频率条件下，计算通信任务图中每条任务通路总的执行时间余量和能耗优化敏感度(行 1～2)。任务通路总的能耗优化敏感度是指位于此通路上所有任务能耗优化敏感度之和。每个任务的能耗优化敏感度依据式(9.7)进行计算。任务通路总的执行时间余量则是该通路的截止时间约束减去位于通路上所有任务的总的执行时间的差。对于异构 MPSoC 平台，任务的执行时间指的是在额定电压/频率条件下，该任务在所有处理元素上执行时间的平均值。在获得任务通路总的执行时间余量和能耗优化敏感度后，我们根据任务与通路的能耗优化敏感度之比，对应地为每个任务分配执行时间余量(行 3～5)。若某个任务位于多条任务通路上，则每条任务通路均可计算出一个执行时间余量。此时，取这些时间余量的最小值作为最终分配给任务的执行时间余量。相应地，通过将任务的执行时间与该任务分配的执行时间余量相加，可以获得任务的截止时间(行 6)。

```
                         统计任务调度与操作电压配置算法
    //输入：通信任务图，可用电压/频率等级，偏差分布信息；
    //输出：任务调度决策，处理元素最低操作电压；
    //预处理阶段
1.  为每个任务在额定电压/频率条件下计算 EOS;
2.  为每条任务通路计算总的 EOS 和执行时间余量；
3.  for 每个任务 T_i
4.     for T_i 位于的每条通路 P_j
5.        T_s(i,j) =[T_i_EOS/P_j_totalEOS]×P_j_totalslack; //按比例分配执行时间余量
6.     T_s(i) = min(T_s(i,j)); T_d(i) =T_exe(i) +T_s(i); //若任务位于多条路径,取最小值
---------------------------------------------------------------------------------
  //统计任务调度和操作电压配置
  /*FTL：全任务列表，RTL：就绪任务列表，rt:就绪任务，APL：空闲处理元素 PE
列表，ap：空闲 PE，STL：调度时间列表；st：调度时间点；*/
7.  while(! FTL.IsEmpty()){
8.     st=STL.GetHead()；  //取调度时间列表中排在最前面的时间点
9.     RTL.Add(rts at current st)；APL.Add(aps at current st)；
10.     while(! RTL.IsEmpty() && ! APL.IsEmpty()){
11.        从 RTL 中选择具有最大 EOS 的任务 rt_i；
12.        for all aps in APL{
13.           调用统计时序分析计算 FT(rt_i，ap_j) 和 SSlack(FT(rt_i)，ap_j)；
14.           计算 LOV_(i,j)(rt_i,ap_j)；}//计算最低操作电压
15.        rt_i.LOV=min(LOV_(i,j))；
16.        if APL 中没有 aps 具有与 rt_i 相同的 LOV
17.           调度 rt_i 到一个空闲的 ap，标记 ap.LOV 等于 rt_i.LOV;
18.        else
19.           调度 rt_i 到一个具有最小通信量的 ap；
20.        STL.Add(rt_i.deadline);STL.Delete(st);FTL.Delete(rt_i);}}
```

图 9.5　统计任务调度和操作电压配置算法伪代码

接下来，我们将任务调度到处理元素上，并根据调度的任务确定处理元素执行任务时的最低操作电压。任务调度算法维护一个调度时间列表(行 8)。每次完成一个任务的调度，该任务的截止时间就被加入到调度时间列表中作为新的调度时间点。每个时间点，就绪任务和可用处理元素会被分别放入就绪任务列表和可用处理元素列表里(行 9)。这里就绪任务指的是当前调度时间点，该任务的所有前继任务都已完成调度。在每个调度时间点，当前就绪任务中具有最大能耗优化敏感度的任务会被优先调度(行 11)。调度过程如下。假定该就绪任务会被调度到任何一个处理元素上，采用统计时序分析计算该

任务调度到每一个处理元素上时任务的统计执行时间和统计执行时间余量，并确定处理元素的最低操作电压(行 12～14)。针对每个处理元素计算出最低操作电压后，取最小值作为该任务执行时的最低操作电压，同时也就确定了执行该任务的处理元素(行 15)。对于不同的任务而言，调度算法尽量将具有相同最低操作电压的任务调度到同一个处理元素上执行。一开始，所有处理元素被标记为空闲状态。此时，一旦某个就绪任务被确定可以调度到某个处理元素上执行的话，该处理元素的最低操作电压立刻标记为被调度任务的最低操作电压。随后的任务调度过程中，就绪任务会被调度到已标记为相同最低操作电压的处理元素上。如果当前没有任何处理元素具有和就绪任务相同的最低操作电压，该就绪任务则会被调度到其他空闲处理元素上。同时，这个处理元素也会被标记为该就绪任务的最低操作电压(行 16～19)。很明显，调度过程不仅能够确定就绪任务与处理元素之间的调度关系，同时还会设定处理元素在实际执行任务时的最低操作电压。

9.2.6 统计电压/频率岛划分

电压/频率岛划分过程开始之前，每个处理元素根据它们的最低操作电压，都被看作一个独立的电压/频率岛，即使有些处理元素具有相同的最低操作电压。随后，算法开始两两合并相邻的处理元素，组成新的电压/频率岛，并在合并后调整处理元素的最低操作电压。在这个过程中，如果相邻的两个处理元素具有相同的最低操作电压，则二者可以直接合并为一个电压/频率岛。如果两个处理元素具有不同的最低操作电压，则合并后，会对具有更低操作电压的处理元素进行重新配置。将其操作电压上调，向合并后具有更高操作电压的处理元素看齐。随着处理元素的合并，跨越电压/频率岛的数据通信能耗会减小，但因为电压调整，某些处理元素执行任务的计算功耗会增加。为了最小化增加的计算能耗，我们仍然采用任务的能耗优化敏感度来指导处理元素的合并过程。根据之前任务调度的结果，当两个相邻的处理元素或者电压/频率岛进行合并时，当某个处理元素或者电压/频率岛执行的所有任务，其能耗优化敏感度的总和更小的话，会选择这个处理元素或者电压/频率岛进行电压的上调。很明显，这样做有利于减少电压调整后任务计算能耗的增加。每次合并结束后，采用统计时序分析计算当前状态下的性能良品率，确保满足指定的约束条件。我们评估所有可能的合并方案，从只包含一个电压/频率岛直到达到最大电压/频率岛数目的约束为止。在这些方案中，具有最小能耗的那个被确定为最终的电压/频率岛划分方案。

9.3　实验数据及分析

9.3.1　实验环境

1. 模拟实验平台

实验平台为仿真环境下的同构和异构 MPSoC。两种 MPSoC 都是格状结构，包含 4×4 共 16 个处理元素。同构 MPSoC 中的处理元素类似于 TILE64 多核 SoC 中的超长指令集处理器 VLIW[120]。处理元素的额定操作频率为 500 MHz，额定操作电压为 1.0 V。异构 MPSoC 中的处理元素则包含各种微处理器、数字信号处理器和低功耗处理芯核。这些处理元素的额定操作频率从 350 MHz 到 750 MHz 不等。两种 MPSoC 平台中，所有处理元素假定支持电压调节功能，可以工作在[0.7 V，0.8 V，0.9 V，1.0 V，1.1 V]五个电压等级。对应这五个电压等级，则有五种操作频率。我们假定五种操作频率随着五个电压等级线性增加。表 9.1 给出了异构 MPSoC 中各种处理元素的参数列表。除了处理元素，MPSoC 每个格中还包含一个片上路由器。片上网络采用 *X-Y* 确定性路由算法避免死锁。混合电压/频率 FIFO 位于电压/频率岛的交界处，用以实现不同电压和频率等级间的数据同步。式(9.2)中的位能耗的取值参考文献[122]。

表 9.1　异构 MPSoC 中不同种类处理元素的参数列表

处理元素	种类	数量	额定频率/MHz	额定电压/V
处理器	PowerPC 750	2	750	1.1
处理器	PowerPC 450	2	500	1.1
处理器	AMD K-6	2	450	1.0
数字信号处理器	TMS320C6230	2	400	0.9
低功耗处理器	ARM 处理芯核	8	350	0.9

2. 偏差影响下的操作频率分布

我们采用前面提到的统计偏差模拟方法获取工艺偏差影响下晶体管物理参数的分布信息。全部15%的片上偏差被均匀地划分为系统性和随机性两种偏差。基于PTM65纳米晶体管模型[85]和处理元素的关键通路模型,采用HSPICE蒙特卡罗模拟获取处理元素的操作频率分布信息。模拟中,不同类型的处理元素对应的关键通路模型包含不同的逻辑级数,范围从12～20级不等。从偏差模拟结果中可以抽取处理元素操作频率分布的相关性数据。

3. 通信任务图

两组任务图被用来作为目标应用程序。第一组来自于工业界的基准程序E3S[145]。由于E3S中的任务图所包含的任务数目往往小于实验平台包含的处理元素数目,我们将每个基准程序中的多个任务图组合在一起并看作是新的任务图。第二组6个任务图(表9.2中TG1～TG6)则采用TGFF[147]工具随机生成。它们包含的任务数目从80～100不等。生成任务图过程中,通过设置任务的出/入度以及任务间的数据通信量来覆盖不同类型的任务图。性能良品率约束设定为100%。表9.2给出了实验所用的通信任务图的统计信息。

表9.2 通信任务图的统计信息

任务图	任务数目	任务间通信量/Mbit	平均入度/出度
Consumer	11	3.2	1.1/1.1
Auto-industry	24	0.006	0.8/0.8
Networks	13	9.8	1.0/1.0
Telecomm	30	0.004	1.0/1.0
TG1	88	0.008	1.2/1.2
TG2	96	5.8	2.0/2.0
TG3	101	8.8	2.0/2.0
TG4	91	3.5	1.5/1.5
TG5	96	5.8	2.0/2.0
TG6	100	4.6	2.0/2.0

9.3.2 实验结果

出于比较的目的,实验中我们还实现了基于电压/频率岛设计的确定性能耗优化方法[122]和偏差感知的统计任务调度算法[148]。文献[122]中面向异构 MPSoC 时，采用能耗感知的任务调度算法(EAS)；面向同构 MPSoC 时，则采用最早截止时间优先(EDF)的任务调度方法。我们分别在额定和最坏条件下实现了文献[122]提出的确定性方法，并将其命名为 D-NC 和 D-WC。D-NC 中采用额定电压 1.0 V 的条件下频率分布的均值作为处理元素的操作频率。D-WC 中，则采用操作频率分布的 $\mu+3\sigma$ 代表最坏情况。文献[148]提出的统计任务调度算法采用基于动态优先级的任务调度策略，结合统计时序分析计算性能良品率。我们将这种方法命名为性能良品率感知的任务调度(VST)。VST 本身并没有考虑基于电压/频率岛的设计方法。因此，在实验中，我们将文献[122]内电压/频率岛的划分方法应用到 VST 方法中。为了表示方便，相对于采用一个电压/频率岛的 D-NC 方法的实验结果，所有优化结果都做了归一化处理。

1. 异构 MPSoC 平台上的实验优化结果

表 9.3 列出了将 D-NC、D-WC、VST 和我们的方法应用于异构 MPSoC 平台上获得的实验结果。列 2～5 表示划分之后最优的电压/频率岛数目。基于这个最优的电压/频率岛划分方案，列 6～9 给出了能耗优化结果。相应地，列 10～13 给出了可以达到的性能良品率数据。除了针对不同的单独的任务图进行实验，我们也将所有任务图看作一个整体进行了实验。实验结果由列“所有”给出。

表 9.3　异构 MPSoC 平台上的优化结果

任务图	最优电压/频率岛数目				归一化能耗				性能良品率/%			
	D-NC	D-WC	VST	我们	D-NC	D-WC	VST	我们	D-NC	D-WC	VST	我们
Consumer	4	4	4	5	0.56	0.89	0.78	0.52	52	100	100	100
Auto-industry	5	5	6	6	0.59	0.91	0.86	0.60	60	100	100	100
Networks	4	5	4	4	0.75	0.96	0.88	0.72	56	100	100	100
Telecomm	4	4	4	4	0.51	0.87	0.75	0.52	60	100	100	100
TG1	5	6	5	6	0.43	0.83	0.79	0.42	57	100	100	100
TG2	5	5	6	6	0.46	0.90	0.85	0.46	61	100	100	100
TG3	4	4	4	5	0.40	0.87	0.76	0.41	56	100	100	100
TG4	4	4	5	6	0.53	0.91	0.82	0.61	51	100	100	100
TG5	4	3	4	6	0.58	0.86	0.78	0.66	53	100	100	100
TG6	4	6	5	5	0.52	0.93	0.86	0.58	53	100	100	100
所有	5	6	5	5	0.58	0.95	0.88	0.60	51	100	100	100
平均值					0.54	0.90	0.82	0.55	55	100	100	100

如表 9.3 所示，相比于 D-NC 方法，我们的方法能够大幅提高性能良品率。从列 10 与列 13 中数据的对比可以看出，在达到接近的能耗优化结果的同时(列 6 和列 9)，我们的方法能够提高平均 45%的性能良品率。另一方面，虽然 D-WC 方法采用了考虑最坏情况的保守方法，能够达到很高的性能良品率，但能耗远高于我们的方法。从列 7 和列 9 中的数据对比可以看出，我们的方法能够实现平均 39%的能耗减少。上述实验结果表明，考虑额定操作条件的确定性方法很难在参数偏差影响下达到令人满意的性能良品率；而考虑最坏情况的保守方法又不能很好地优化系统能耗。因此，参数偏差影响下的能耗优化必须结合统计分析和优化方法，才能在满足性能良品率的前提下达到较好的能耗优化结果。

另一方面，基于统计分析和优化的 VST 方法能够达到较高的性能良品率。然而，其能耗优化结果远低于我们的方法。从列 8 和列 9 中的数据对比可以看出，我们的方法能够实现平均 33%的能耗减少。造成这种情况的主要原因在于 VST 方法没有将任务调度与后续的处理元素操作电压配置统一起来，因此没有足够的优化空间来降低处理元素的最低操作电压，也就不能实现很好地优化能耗。我们以任务图 TG6 为例进行详细分析。图 9.6 给出了对 TG6 进行任务调度后处理元素最低操作电压的配置情况。如图 9.6(a)所示，VST 方法为了保证实现要求的性能良品率，会使很多处理元素不得不工作在较高的操作电压等级上，因而影响了能耗的优化。与之相反，我们的方法将任务调度与电压配置统一起来考虑。如图 9.6(b)所示，采用我们的方法，很多处理元素可以工作在更低的操作电压等级上，从而实现更低的能耗。

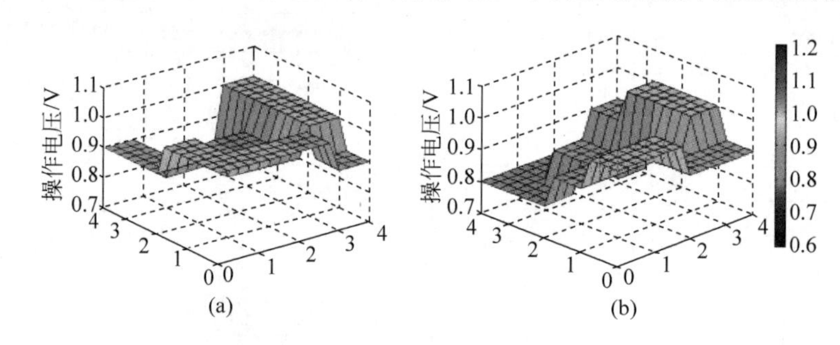

图 9.6　处理元素的操作电压配置

(a) VST 方法；(b) 我们的方法

2. 同构 MPSoC 平台上的实验优化结果

表 9.4 列出了将 D-NC、D-WC、VST 和我们的方法应用于同构 MPSoC 平台上获得的实验结果。与异构 MPSoC 平台上的实验结果类似,我们的方法在优化性能良品率方面优于 D-NC 方法,而在能耗优化方面则优于 D-WC 和 VST 方法。然而,比较表 9.3 和表 9.4 中的数据,会发现存在两个不同点。

首先,对于同构 MPSoC 平台来说,最优的电压/频率岛数目通常小于异构 MPSoC 平台。造成这种情况的原因主要在于同构 MPSoC 中的处理元素,其操作频率分布不仅接近,而且具有相关性。相应地,会有更多的处理元素可以被合并到同一个电压/频率岛里。相反,异构 MPSoC 中不同类型的处理元素,其操作频率的分布相差较大。因而在划分电压/频率岛时,合并到同一个电压/频率岛内的处理元素数量较少,否则会造成较大的电压调整,影响能耗优化的结果。

其次,相比于异构 MPSoC 平台,确定性方法(D-NC 和 D-WC)在同构平台上的优化结果更差。比较表 9.3 和表 9.4 中的数据可以看出,D-NC 和 D-WC 在同构 MPSoC 平台上的能耗优化数据均低于其在异构 MPSoC 平台上的优化结果。这是因为,同构 MPSoC 平台中处理元素的频率分布非常接近,造成 D-NC 和 D-WC 方法必须采用基于 EDF 的任务调度策略。由于 EDF 方法主要为了优化任务图的执行延迟而不是能耗,这种任务分配策略无法保证后续处理元素的操作电压配置能够有更大的优化空间,也就不能实现较好的能耗优化。相反,我们的方法借助能耗优化敏感度和最低操作电压两个参数,很好地将任务调度与电压配置过程统一起来,因而能够实现更好的优化结果。

表 9.4 同构 MPSoC 平台上的优化结果

任务图	最优电压/频率岛数目				归一化能耗				性能良品率/%			
	D-NC	D-WC	VST	我们	D-NC	D-WC	VST	我们	D-NC	D-WC	VST	我们
Consumer	3	3	4	5	0.68	0.92	0.79	0.51	55	100	100	100
Auto-industry	4	5	5	6	0.79	0.95	0.84	0.62	62	100	100	100
Networks	3	3	4	4	0.88	0.97	0.90	0.72	60	100	100	100
Telecomm	4	4	4	4	0.71	0.92	0.78	0.53	62	100	100	100

续表

任务图	最优电压/频率岛数目				归一化能耗				性能良品率/%			
	D-NC	D-WC	VST	我们	D-NC	D-WC	VST	我们	D-NC	D-WC	VST	我们
TG1	5	6	5	6	0.64	0.89	0.75	0.41	59	100	100	100
TG2	4	5	5	5	0.63	0.92	0.86	0.46	66	100	100	100
TG3	3	4	4	4	0.58	0.90	0.79	0.46	59	100	100	100
TG4	3	3	5	5	0.79	0.93	0.83	0.62	56	100	100	100
TG5	3	3	4	5	0.81	0.91	0.80	0.67	57	100	100	100
TG6	3	5	5	4	0.72	0.96	0.87	0.60	57	100	100	100
所有	4	5	4	4	0.60	0.96	0.90	0.62	56	100	100	100
平均值					0.71	0.93	0.82	0.56	59	100	100	100

3. 电压/频率岛数目对能耗优化结果的影响分析

图 9.7 展示了改变电压/频率岛数目时，我们的方法所能实现的能耗优化效果。电压/频率岛的数目从 1 变到 7，并包含表 9.3 和表 9.4 中最优电压/频率岛数目。为了显示清楚，图 9.7 中只展示了对 E3S 中 Consumer 和 TG1 这两个任务图进行优化的数据，但其他任务图优化效果与这二者类似。如图 9.7 所示，当处理元素被划分到多个电压/频率岛内时，针对处理元素的最低操作电压，会得到更大的优化空间。相应地，任务图的执行能耗随之下降。但是，当电压/频率岛的数目较多时，跨越不同电压/频率域的通信能耗开始在总能耗中占据主要份额。此时，随着电压/频率岛数目的增加，能耗反而开始上升。上述实验结果表明，对于任何通信任务图来说，其最低执行能耗都对应有一个最优的电压/频率岛数目和划分方案。

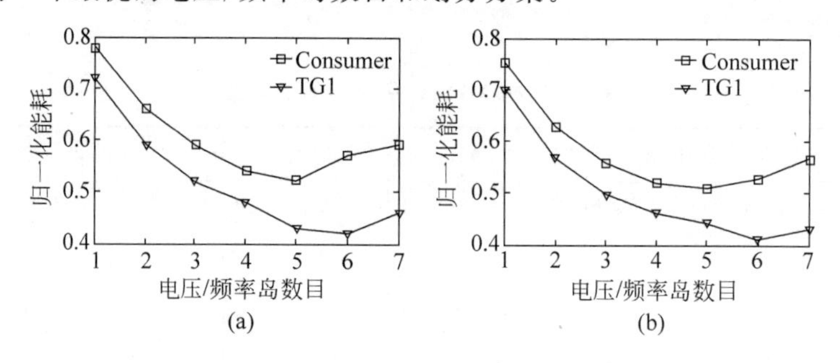

图 9.7　电压/频率岛数目对能耗优化结果的影响

(a) 异构 MPSoC 平台；(b) 同构 MPSoC 平台

9.4 本章小结

本章介绍了一个面向基于电压/频率岛设计的MPSoC平台，考虑工艺偏差影响的统计能耗优化方法。与已有方法不同，我们的方法考虑了偏差影响下处理元素性能参数具有的概率特征，采用性能良品率作为优化决策的指导参数，确保最小化系统能耗的同时，仍能满足任务截止时间的约束。并且，我们的方法同时适用于同构和异构MPSoC平台。实验结果证明了本文提出方法的有效性。

第10章　面向三维多核片上系统的热感知硅后能耗优化方法

集成电路制造工艺的不断进步大大增加了硅片上晶体管的集成密度。相应地，嵌入式系统设计开始转向多处理器/多核片上系统（multi-processor/multi-core system-on-chip, MP/Multi-core SoC）。一般来说，多核 SoC 中包含多种处理芯核，例如通用处理器、数字信号处理器、图形处理器和低功耗处理器等。通过将不同类型的处理芯核集成到一个硅片，多核 SoC 能够提供完整的系统功能。对于不断增加的种类繁多的应用程序而言，多核 SoC 无疑具有广阔的应用前景。

对于高性能、高端片上系统而言，三维多核结构极具吸引力[134,136]。一方面，三维集成能够克服传统二维芯片上普遍存在的全局互连延迟和功耗瓶颈问题。另一方面，多核结构不仅能提高系统吞吐量，还能够提高偏差影响下的系统鲁棒性。正是因为结合了上述优点，三维多核 SoC 非常适合用来实现复杂系统以解决未来种类繁多的应用需求。

由于嵌入式 SoC 经常采用电池供电，高能效、低能耗就成为一个重要的设计目标。与二维芯片相比，面向采用电压/频率岛设计的三维多核芯片进行能耗优化还需要解决一些新的挑战。例如，三维集成导致芯片的散热问题日益严峻。不断增加的功耗密度恶化了热斑（hot spot），同时在芯片上生成高温[149]。工作负载的异质性（heterogeneous）则会在处理芯核间造成功耗偏差，导致芯片上出现热梯度（thermal gradient）。高温和热梯度不仅会降低系统性能和可靠性，而且将会抵消优化系统能耗的努力。

为了解决上述问题，面向采用 VFI 设计的三维多核 SoC，本章介绍作者提出的一个硅后优化框架[150]，在最小化系统能耗的同时，满足任务截止时间和系统热约束。首先，根据硅前确定的 VFI 划分方案以及工艺偏差造成的性能参数偏差，提出能效感知的任务调度算法。该算法统一考虑后续的电压/

频率分派以最小化任务的执行能耗。随后，提出任务迁移算法，在任务图的执行过程中实现核栈间的功耗平衡，降低芯片温度。实验结果表明，与已有的热平衡方法比较，我们提出的方法能减少平均 18.6%的能耗。同时，与经典的能耗优化方法比较，我们提出的方法能降低平均 5.6℃的峰值温度。

10.1 背景知识介绍

10.1.1 目标平台与应用

参考商用多核处理器以及目前对于三维多核芯片的研究工作，本文中的目标平台定义如下。如图 10.1(a)所示，目标平台为三维同构多核 SoC。平台包含多个处理芯核层[134,137]。每一层采用格状(tile)结构，每个格内包含一个集成私有高速缓冲存储器(cache)的处理芯核以及一个路由器[124]。采用片上网络(network-on-chip, NoC)实现格间通信。同一层 NoC 为网状(mesh)结构；层间通信通过硅通孔(through silicon via, TSV)总线实现。本章中，假定处理芯核可以工作在几个不同的离散电压/频率范围内。VFI 由片外电压规整器支持。每个电压规整器支持一个 VFI 的电压域。每个处理芯核假定拥有自己的数字锁相环(DLL)部件以实现独立的频率域。不同 VFI 间的数据同步通过 VFI 边界处的混合电压/频率先入先出(FIFO)缓存支持。

目标应用为具有高确定性的通信任务图。如图 10.1(b)所示，通信任务图表现为有向非循环图。图中，顶点表示任务。很多工业级基准任务图中都给出了每个任务在不同类型处理芯核上执行的功耗和延迟。图中有方向的边则表示任务间的控制和数据依赖关系。即某一任务必须在其所有前继任务执行完成且完成数据通信后才能开始执行。有向边上标示的数字表示任务间的通信量。一般情况下，每一个叶节点处均会有一个截止时间约束(如图 10.1(b)中的 $T_{d(3)}$ 和 $T_{d(5)}$)，表示这一任务通路(由多个任务串联组成，一般由初始任务节点开始到某一叶节点任务结束)所规定的最晚完成时间。

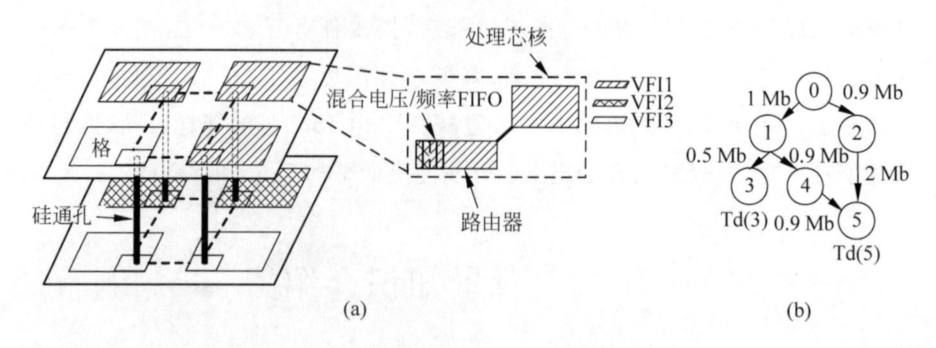

图 10.1　目标平台和目标应用示意图

(a) 三维多核 SoC；(b) 通信任务图

10.1.2　面向三维 SoC 的能耗模型和延迟模型

根据上述对目标平台和目标应用的描述，可以将系统能耗 E_{sys} 表示为计算能耗与通信能耗之和：

$$E_{sys} = E_{comp} + E_{comm} \tag{10.1}$$

式(10.1)中，E_{comp} 和 E_{comm} 分别表示计算和通信能耗。二者的相关计算公式已经在第 9 章进行了详细地介绍。同样的，延迟模型在第 9 章中也已介绍，在此不再赘述。

10.1.3　三维热模型

图 10.2 给出了三维多核芯片的热模型示意图[139]。该模型将芯片面积划分为网格，每个格对应一个热型元素，包含热电阻、热电容和一个电流源。格内的温度假定为均匀的。这种细粒度的格状热模型可以很容易地与 HotSpot[151] 软件进行结合以计算芯片温度。

参照此热模型图，核 2 和核 3 的温度可以计算如下：

$$\begin{cases} T_3 = P_3 \cdot R_{inter} + T_2 \\ T_2 = (P_2 + P_3) \cdot R_{hs} + T_{amb} \end{cases} \tag{10.2}$$

式(10.2)中：P_2 和 P_3 表示核 2 和核 3 的功耗；R_{inter} 表示垂直方向上核 2 与核 3 之间的热电阻；R_{hs} 表示处理芯与周围材料之间的热电阻；T_{amb} 表示周围环境温度。

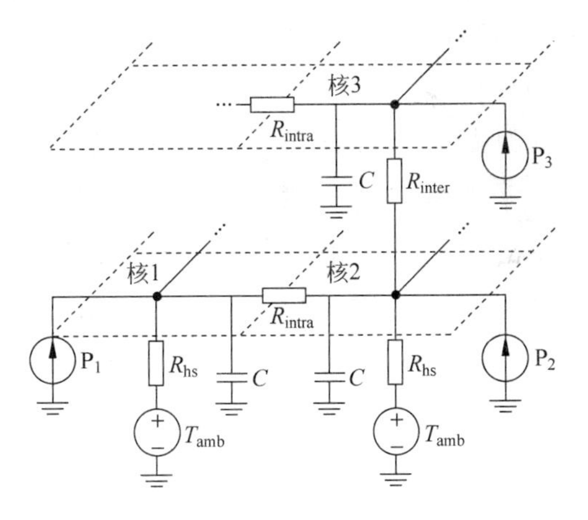

图 10.2　三维多核芯片热模型示意图

由式(10.2)可以看出，假定热电阻参数为常量的情况下，处理芯核执行程序时的温度主要取决于它的功耗。另外，如文献[139]所示，不同层的处于垂直方向的处理芯核之间有着较强的热相关($R_{intra} \cong 16R_{inter}$)。由此可见，在垂直方向的核栈间保持功耗平衡能够有效地平衡芯片的温度。

10.1.4　面向三维芯片的统计偏差模拟

出于实验的需要，我们借助统计偏差模拟分析和计算参数偏差影响下三维多核 SoC 中处理芯核的频率和功耗分布以及分布的相关性信息。偏差模拟首先从模型化晶体管一些典型物理参数(如沟道长度和阈值电压)的偏差开始。在模拟中，片间随机性偏差、片内随机性和具有空间相关性的系统性偏差全部予以考虑。其中，同一层的硅片里器件的参数偏差主要取决于片内偏差。由于三维芯片不同层的硅片一般来自于不同的晶圆(wafer)。因此，模拟中不同层的硅片间的片间偏差假定为独立的。按照上述约定，某一层硅片中晶体管的某一参数的偏差可以表示为

$$\Delta P = \Delta P_{inter} + \Delta P_{sys} + \Delta P_{ran} \tag{10.3}$$

式(10.3)中：ΔP_{inter} 表示片间随机性偏差；ΔP_{sys} 表示片内系统性偏差；ΔP_{ran} 表示片内随机性偏差。

模拟中，首先按照多核芯片的版图，将整个硅片面积划分成许多相等尺寸的网格(grid)。在每一个格内，均包含唯一一个表示片间随机性偏差、片内

系统性和随机性偏差的随机变量。随机变量假定服从标准正态分布。与之前相同，本章中我们仍旧采用文献[125]提出的 VARIUS 模型来刻画片内系统性偏差分布的空间相关性。VARIUS 模型的相关内容和公式详见第 9 章。

基于上述的偏差模型，我们采用蒙特卡罗模拟来获取晶体管沟道长度和阈值电压的统计分布数据。随后，将参数的偏差分布数据送入关键通路模型[35]以获取不同类型处理芯核的频率和功耗分布信息。关键通路模型以四扇出标准与非门为基本逻辑单元，借助 HSPICE 电路仿真确定不同工艺节点下，不同类型的处理芯核所对应的逻辑门的级数。一个处理芯核内所包含的关键通路数目则可以将处理芯核的版图面积除以具有高度相关性的单位面积(如文献[35]建议采用 0.02 mm^2)获得。

10.2 优化框架

图 10.3 给出了本文提出的优化框架的示意图。如图所示，面向已完成 VFI 划分的三维多核平台，首先采用能效感知的任务调度算法将任务分配到处理芯核上。与已有的研究工作不同，本文提出的任务调度算法在调度任务时即考虑为后继的处理芯核电压/频率分派保留优化空间。因此，在算法中采用任务的最低操作电压和频率作为指导参数对任务调度和电压/频率分派进行统一。同时，任务调度后，任务图的整个执行时间被划分为许多连续的时间片段。以这些时间片段为参考，任务迁移算法在处理芯核间迁移或交换少量已调度的任务，在整个任务图执行期间实现核栈的功耗平衡。与已有的在线任务迁移方法不同，本文提出的任务迁移同样是在设计阶段，即任务实际开始执行前完成的。这样就避免了在线任务迁移所引入的性能和硬件方面的开销。

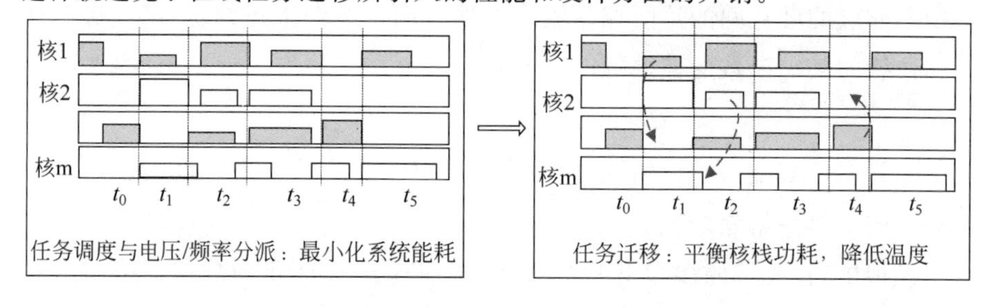

图 10.3　优化框架示意图

10.2.1　能效感知的任务调度

面向多核平台，以优化能耗为目的的任务调度已被证明为 NP 困难问题[128]。为了有效地优化能耗，必须统一考虑任务调度与接下来的处理芯核电压/频率分派。即任务调度算法必须为后续的电压/频率调节保留尽可能多的优化空间。为了实现上述目的，本文采用任务的最低操作电压/频率实现任务调度与电压/频率调节的有机统一。任务的最低操作电压/频率表示为了最小化任务执行能耗且同时满足截止时间约束，执行任务的处理芯核运行时所需的最低电压和频率。本文提出的任务调度算法将具有相同最低操作电压/频率的任务尽量分配到同一个处理芯核上。这种调度策略可以保证处理芯核采用所调度的任务的最低电压和频率运行，从而为后续的电压/频率调整保留最大的优化空间。

图 10.4 为所提出的任务调度算法的伪代码。算法首先执行预处理步骤。这一步骤首先为每个任务分配执行时间余量(slack)以及计算任务的最低操作电压/频率。在我们提出的算法中，任务的执行能耗越大，所分配的执行时间余量越多。为高能耗任务分配较多的执行时间余量能够提供更大的电压/频率调节空间，从而更大程度地降低执行能耗。任务执行时间余量的分配过程如下。首先，计算每个任务在额定电压/频率下的执行能耗(行 1)，即该任务在额定电压/频率下的功耗和执行时间的乘积。同样，为任务图中每一条任务通路(任务串联组成的通路，由任务图中某一个初始任务节点开始一直到某一个叶节点结束)计算总执行能耗和总执行时间余量(行 2)。其中，任务通路的总能耗等于该通路上所有任务计算能耗之和；而任务通路的总执行时间余量可表示为该条通路叶节点上的截止时间约束与通路上所有任务额定执行时间总和之间的差值。可用如下公式表示：

$$P_i\_\text{slack} = P_i\_\text{deadline} - \sum_m T_i\_\text{exetime} \tag{10.4}$$

式(10.4)中：P_i_slack 表示任务通路 i 总的执行时间余量；P_i_deadline 表示任务通路 i 叶节点上的截止时间约束；T_i_exetime 表示任务 i 在额定电压/频率下的执行时间；m 表示任务通路上的任务数目。

算法 1. 能效感知的任务调度算法

//输入：任务图，可用离散的电压/频率范围；
//输出：任务调度结果，执行时间序列(ETS)；
//**预处理步骤**
1. 额定电压/频率下，为每个任务计算 E_{comp}；//即任务功耗与执行之间的乘积
2. 为任务图中每条任务通路计算总的 slack 和 E_{comp}；
3. **FOR** 每个任务 T_i
4. **FOR** T_i 所在的每条通路 P_j
5. $T_{slack(i,j)}=[T_i\_E_{comp}/P_j\_E_{comp}]\times P_j\_slack$；//按照任务能耗与所在通路总能耗的比值分配
6. $T_{i\_slack}=\min(T_{slack(i,j)})$；//若某个任务处于多条通路，取计算所得执行时间余量的最小值
7. 记录 T_{i_start}，T_{i_finish}，$T_{i\_deadline}$；//计算任务开始执行时间、执行结束时间和截止时间约束
8. **FOR** 每个任务
9. 计算任务的最低操作电压及剩余 slack；

//**任务调度**
/ * FTL：全任务列表，RTL：就绪任务列表，rt：就绪任务，ACL：可用处理芯核列表，ac：可用处理芯核，STL：调度时间列表；st：调度时间点；* /
10. **WHILE**(！FTL. IsEmpty()){ //全任务列表不空，表示还有任务没有调度
11. st=STL. GetHead()；//获得当前调度时间节点
12. RTL. Add(当前 st 下 rts)；ACL. Add(当前 st 下 acs)；//构建就绪任务列表，构建空闲处理芯核列表
13. **WHILE**(！RTL. IsEmpty()){ //当前就绪任务列表不空，执行调度
14. rt=RTL. GetHead()；//取出就绪任务列表中第一个就绪任务
15. **IF** ACL 中所有 ac 不具备与 rt 相匹配的最低电压
16. 将 rt 调度到空闲的 ac，标记 ac. V/F 为 rt. V/F；
17. **ELSE**
18. 将 rt 调度到具有最大通信量的匹配 ac；
19. STL. Add(rt. deadline)；STL. Del(st)；FTL. Del(rt)；}} //任务的截止时间加入调度时间节点列表，删除完成调度的任务
20 根据任务调度结果生成 ETS；//对齐任务执行时间，划分执行时间片段

图 10.4　能效感知的任务调度算法

随后，对于每条通路上每一个任务，按照该任务与所在任务通路的总能耗比值分配执行时间余量(行 3～5)。对于处于多条任务通路交叉点上的任务，按每条任务通路计算所得的执行时间余量可能不同。这种情况下，取计算所得的执行时间余量中最小值作为该任务的执行时间余量(行 6)。随着执行时间余量的分配，任务的开始时间、结束时间和截止时间约束均可确定(行

7)。同时,对任务的最低电压/频率也可进行计算(行 8~9),过程如下。任务的执行时间余量为其截止时间和执行时间之差,可表示为 $T_{exe}-NC/f_i$,其中:T_{exe}表示任务的执行时间;NC 表示任务的执行周期;f_i 表示任务所在处理芯核工作频率。由上述公式可知,随着处理芯核工作电压/频率的降低,任务执行时间将增加,而执行时间余量则会减少。因此,执行时间余量接近或等于零时的电压/频率则确定为任务的最低操作电压/频率。

接下来,在每一个调度时间节点,算法将就绪任务调度到处理芯核上。每次一个任务调度完成,该任务的截止时间即被加入到调度时间列表中成为新的调度时间节点。在每个调度时间节点,当前的就绪任务和空闲处理芯核分别被加入到就绪任务列表和空闲处理芯核列表中(行 11~12)。就绪任务表示该任务调度前,其所有的前继任务均已调度完毕。在全部任务图调度的初始阶段,一般会有一些处理芯核从未被分配任务。这时,对于某个就绪任务,如果当前所有的空闲处理芯核(即从未被分配任务的处理芯核)均没有被标记为与就绪任务相同的最低操作电压/频率,则该任务将被调度到任意一个空闲处理芯核上。随之,按调度的任务的最低操作电压/频率标记该处理芯核(行 15~16)。相反,如果有些处理芯核已被标记为与就绪任务相同的最低操作电压/频率,则就绪任务将被调度到与该任务有最大通信量的处理芯核上(行 17~18)。与某一就绪任务有最大通信量的处理芯核是指所有已经调度到这个处理芯核的任务与该就绪任务有最大通信量。根据通信能耗的计算公式(式(10.4)),将就绪任务调度到与它有最大通信量的处理芯核上可以有效地降低通信能耗。这是因为数据的通信不需经过片上网络。确定最大通信量处理芯核的方式则是按照通信任务图中定义的数据相关性(即任务间的通信数据),计算该就绪任务与每个处理芯核上已经调度的任务之间的通信量,最后找到有最大通信量的那个处理芯核。上述任务调度过程不断重复,直到成功调度完任务图中的所有任务。

根据任务调度结果,算法随即生成执行时间序列(行 20)。在执行时间序列中,任务图的执行过程被划分成许多连续的执行时间片段。执行时间片段的划分采用一种粗粒度方式进行。通过简单地对齐处理芯核上所调度的任务的执行时间划分执行时间片段。图 10.5(a)展现了将一个含 16 个任务的任务图调度到 4 个处理芯核时划分所得的执行时间序列。执行时间序列包含 7 个时间片段(t_1-t_7)。调度的任务以矩形表示。矩形的高度表示任务的执行功耗。填充矩形的颜色则表示处理芯核所运行的最低操作电压/频率。每个时间片段的划分尽量对齐任务的执行时间。即每个时间片段内尽量有尽可能多的同时执行的任务；相邻时间片段之间有尽可能少的重叠执行的任务。

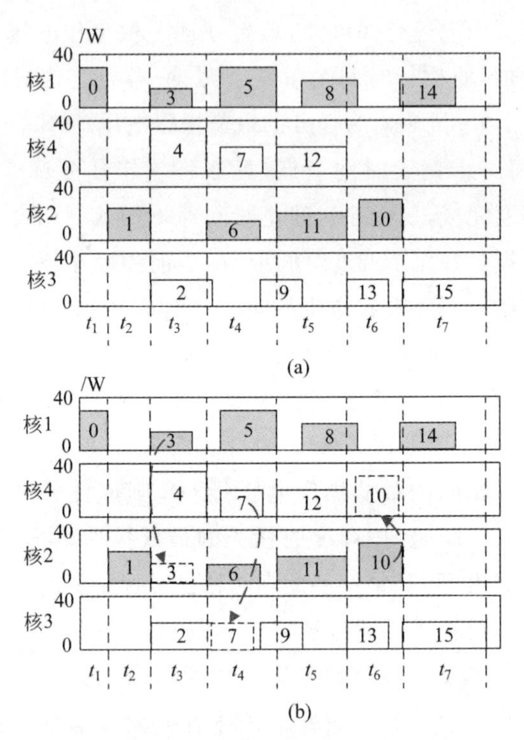

图 10.5　任务调度及任务迁移示例

(a) 任务调度及时间序列划分结果；(b) 任务迁移示例

10.2.2　任务迁移算法

任务迁移算法在处理芯核之间迁移或交换已调度的任务，目的是在每个执行时间片段中平衡核栈的功耗，以降低芯片温度。迁移任务时，算法主要利用处理芯核空闲时间以及任务经过电压/频率调节后的剩余执行时间余量。这里需要说明的是，本文所提出的任务迁移算法并非传统意义上的在线任务迁移。本文中的任务迁移与任务调度算法相同，均是在设计阶段，即实际任务执行之前完成。目的是为了平衡核栈间的功耗，实现芯片的热平衡并且降低芯片温度。任务图实际执行期间，即可按照预先确定的任务-处理芯核对应关系进行任务的分配。

图 10.6 给出了任务迁移算法的伪代码。在每个执行时间片段，对每个核栈计算总功耗 $\sum P$。同时，计算所有核栈总功耗的标准差 $\sum P.\sigma$。如果标准差大于指定阈值(例如实验中取 5%)，则启动任务迁移。首先，将所有核栈按总功耗大小按降序排列。随后，针对具有最大总功耗的核栈 CS_h，找出具有最小总功耗的匹配核栈 CS_t。这里，匹配的含义有两层：第一，匹配的核栈其中一方能够为另一方提供空闲时间以供任务迁移；第二，匹配双方可以交换任务。如果条件 1 满足，CS_h 中的低功耗任务(SPT)将被迁移到 CS_t 上(行 8～9)。如果条件 2 满足，CS_h 中的低功耗任务将与 CS_t 中的高功耗任务(LPT)进行交换(行 10～11)。本次任务迁移完成后，从 CSL 中移除 CS_h 和 CS_t。上述过程不断重复，直到在所有执行时间片段内都进行了任务迁移(行 14～16)。

算法 2. 任务迁移算法

```
//输入：任务调度结果，电压/频率分派结果，核栈，执行时间序列 ETS；
//输出：任务迁移及最终调度结果；
/＊co：处理芯核；CS：核栈；CSL：核栈链表；te：执行时间片段；∑P：核栈总功耗；LPT：核栈中某个核上的高功耗任务；SPT：核栈中某个核上的低功耗任务；IT：空闲时间；ET：执行时间＊/
1  FOR ETS 中每个执行时间片段 te{
2   为每个 CS 计算 ∑P，计算总功耗标准差 ∑P.σ；//为每个核栈计算总功耗，并计算所有执行片段内的标准差
3.     IF ∑P.σ＞ 阈值{ //如果标准差大于设定的阈值，启动任务迁移
4.      将 CSL 中所有 CSs 以 ∑P 按降序排列；
5.      i=0；j=CSL.GetLengh()；CS_h=CSL.GetAt(i)；
6.      WHILE(1){
7.      CS_t=CSL.GetAt(j)；
8.      IF CS_t.co.IT 与 CS_h.co.SPT.ET 相匹配 //低功耗核栈处理芯核的空闲时间匹配高功耗核栈任务的执行时间
9.        在 CS_h 和 CS_t 之间迁移任务；break；
10.       ELSE IF CS_h.SPT 和 CS_t.LPT 能够交换 //可以直接交换任务
11.        在 CS_h 和 CS_t 之间交换任务；break；
12.       ELSE
13.        j=j-1；}
14.       从 CSL 中移除 CS_h 和 CS_t；
15.       IF CSL.GetLenth()>=2
6.        跳回第 5 步}
```

图 10.6　任务迁移算法

以图 10.5(a)调度的任务图为例。如图 10.5(b)所示，处理芯核 1、4 和 2、3 各组成两个核栈。现在我们考虑时间片段 t_3 中的功耗情况。在没有采取任务迁移之前，t_3 期间，包含处理芯核 1 和 4 的核栈总的功耗为任务 3 和任务 4 总功耗之和。很明显，这个总的功耗远远大于包含处理芯核 2 和 3 的核栈的总功耗(即任务 2 的功耗)。因此，为了在执行时间片段 t_3 中平衡核栈的功耗，任务 3 可以从核 1 迁移到核 2，原因在于任务 1 和任务 6 之间的空闲时间能够容纳任务 3 的执行。同理，为了平衡时间片段 t_6 中的功耗，任务 10 可以从核 2 迁移到核 4。从而保证两个核栈中均有一个执行的任务，以实现在 t_6 中的功耗平衡。值得注意的是，原本任务 2 与任务 9 之间的空闲时间不足以容纳任务 7 的执行。幸运的是，任务 7 的前继任务，即任务 2 在电压/频率调节后仍保留有一定的执行时间余量。因此，迁移算法减少任务 2 的执行时间余量(并没有造成任务的截止时间违背)，将任务 7 的执行时间提前，从而可以将任务 7 从核 4 迁移到核 3。图 10.7 展示了施行任务迁移前后两个核栈的功耗以及生成的温度。很明显，任务迁移算法有效地在所有执行时间片段中平衡了核栈的功耗。相应地，功耗平衡不仅平衡了核栈温度，而且有效地降低了芯片温度。

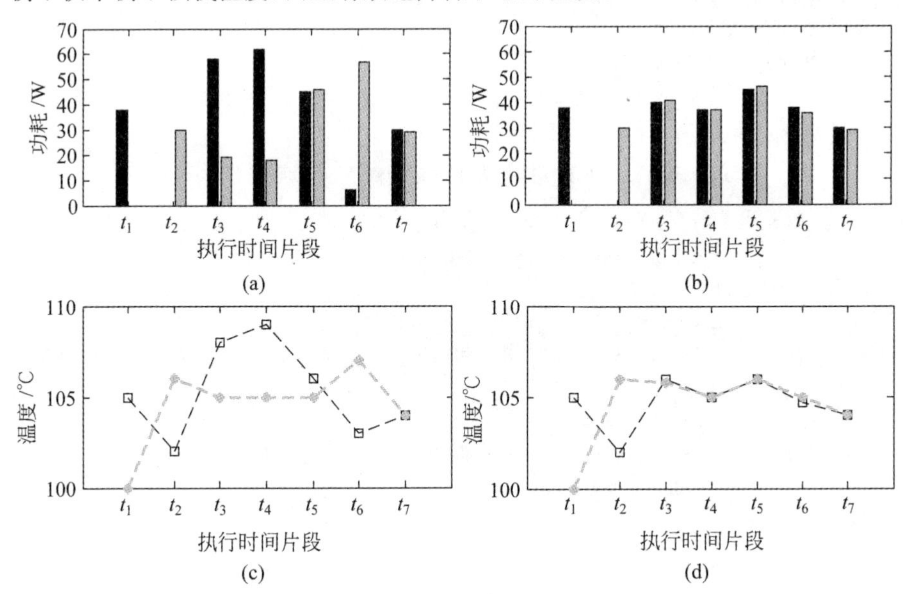

图 10.7 任务迁移前后功耗和温度对比

(a) 任务迁移前各执行时间片段内的核栈功耗；(b)任务迁移后各执行时间片段内的核栈功耗；(c) 任务迁移前各执行时间片段内的核栈峰值温度；(d) 任务迁移后各执行时间片段内的核栈峰值温度

10.3　实验结果及分析

10.3.1　实验配置及说明

1. 实验平台

实验在一个格状 NoC 总线结构的三维多核 SoC 模拟平台上进行。平台拓扑设为 4×4×2,即两层处理芯核堆叠,每层处理芯核数目设定为 16 个。同一层的处理芯核采用网状结构 NoC 互连。而不同层的处理芯核之间则通过多 TSV 总线进行通信。芯片绑定方式假定为面向背(face-to-back)绑定策略。处理芯核假定为 TILE64 多核处理器中采用的 VLIW 处理器[120]。处理芯核在 1.0 V 额定操作电压下的操作频率设为 500 MHz,可运行在五个不同的电压级别下[0.7 V,0.8 V,0.9 V,1.0 V,1.1 V]。通过将处理芯核模型化为 4 扇出与非门链,采用基于 45 nm PTM 晶体管模型[23]的 HSPICE 仿真来评估处理芯核在不同供电电压下的最大操作频率。路由器采用 4 级流水线结构,包含 5 个端口。除了用于二维平面中东、西、南和北方向通信的 4 个端口外,第五个端口用于连接垂直总线以实现垂直方向上的数据交换。相同格内的处理芯核和路由器假定具有相同的操作频率。采用确定性 x-y-z 路由算法来避免活锁和死锁。在 VFI 边界处采用混合电压/频率 FIFO 实现数据同步。公式 3 中的位能耗参考文献[152]计算。

2. 任务图

实验中采用两组任务图。第一组取自工业级基准任务图 E3S。E3S 中的任务图均给出了所包含的任务在各种实际的处理芯核上执行时的功耗和延迟。不过,E3S 中的任务图所包含的任务数目一般小于实验平台中的处理芯核数目。因此,参照实验平台中处理芯核的数目,实验中将基准程序中多个任务图组合成新的任务图。第二组采用 TGFF 生成 6 个伪随机任务图(TG1～TG6),每个任务图包含 80 到 100 个任务。任务图生成过程中,通过更改任务的入度、出度以及通信量来覆盖不同类型的任务。表 10.1 列出实验采用的任务图统计信息。

表 10.1 任务图统计信息

任务图	任务数	平均通信量/Mbit	入/出度
Consumer	12	3.2	1.1/1.1
Auto-industry	24	0.006	0.8/0.8
Networks	13	9.8	1/1
Telecomm	30	0.004	1/1
TG1	88	0.008	1.2/1.2
TG2	98	6	1.5/1.5
TG3	100	4.6	2/2
TG4	101	8.8	2/2
TG5	102	7	2/2
TG6	100	9.2	2/2

3. 偏差影响下的 VFI 划分图

本文采用文献[125]提出的 VARIUS 模型对参数差偏差进行建模。标准偏差设为参数期望值的 10%,并进一步分为 6%的片间偏差和 8%的片内偏差。片内偏差平均分为系统性和随机性偏差两部分。刻画芯片二维平面上系统性偏差相关性的最大物理距离设为 0.5[125]。

整个芯片面积划分为 64 个网格。每个处理芯核占据一部分网格并被模型化为 100 条四扇出的与非门链。通过应用 VARIUS 模型,借助 HSPICE 蒙特卡罗模拟获得处理芯核的频率分布数据。将频率分布的均值作为处理芯核的额定操作频率。同样,5 种供电电压下处理芯核的操作频率也采用 HSPICE 进行评估。

根据获得的处理芯核的 5 种电压/频率组合,实验中采用文献[153]提出的方法划分 VFI。VFI 划分采用两层统一的方式。也就是说,同一个 VFI 可能包含垂直方向上位于不同层的处理芯核。划分过程中,操作电压/频率相接近的处理芯核会被划归于一个 VFI。每个 VFI 中包含的处理芯核数目可能不同。VFI 的划分从每核 VFI 开始,随后两两合并,直到最终所有处理芯核同属一个 VFI 结束。对所有划分粒度的 VFI 方案,取能耗最低的那一个作为最终 VFI 划分方案。表 10.2 列出与各任务图对应的 VFI 划分结果。

表 10.2　VFI 划分结果统计信息

任　务　图	划分后 VFI 数目
Consumer	2
Auto-industry	4
Networks	3
Telecomm	4
TG1	9
TG2	10
TG3	10
TG4	9
TG5	9
TG6	10

4. 热模拟方法

采用 HotSpot 5.0 计算任务执行时的芯片温度。该软件支持基于网格的三维芯片热模拟[151]。热模拟参数参考文献[152]中的数据，具体值见表 10.3。模拟所需的功耗痕迹(trace)文件通过计算每个调度间隔任务的平均执行功耗获得。温度计算中只考虑处理芯核的静态温度及芯片的峰值温度。

表 10.3　热模拟配置参数

底层硅片衬底厚度	150 μm
其他层硅片衬底厚度	50 μm
铜金属层厚度	0.42 μm
硅材料热传导性	100 W/(m-K)
散热片热传导性	400 W/(m-K)
Hotspot 格分辨率	64×64
周围介质温度	27℃

10.3.2　实验结果

出于比较目的，本文修改并实现了文献[20]提出的热平衡算法，使之适用于基于 VFI 设计的三维多核平台。文献[140]考虑任务间的热特性差异，在每个调度时间节点将高功耗和低功耗的任务组合在一起调度到一个核栈上。在本文后续的内容中将文献[140]提出的方法称为 TB 算法。同时，本文还实现了文献[153]提出的能效感知的任务调度算法。他们的方法通过考虑赋予不同能耗任务以不同的优先级指导任务的分配和调度。而在 VFI 划分过程中，他们首先将每个处理芯核看成是单独的 VFI，按照任务调度的结果确定每个处理芯核的最低操作电压。随后将处理芯核进行合并以形成新的 VFI。VFI 的数目取决于系统设计约束。在本文的后续内容中将文献[153]提出的方法称为 EAS 算法。

1. 能耗优化结果

图 10.8 给出采用三种方法后的能耗优化结果及优化过程中的芯片峰值温度数据。为了更为清晰地展示对比结果，EAS 和本文提出的方法所取得的能耗优化结果均以 TB 方法取得的结果为参照进行归一化处理。由图 10.8(a)可见，在能耗优化方面，本文提出的方法以及 EAS 算法的表现明显优于 TB 算法。相比于 TB 算法，本文提出的方法能减少平均 18.6%的能耗。上述结果得益于本文提出的能效感知的任务调度算法。通过将具有相同最低操作电压/频率的任务调度到同一个处理芯核，处理芯核可运行在所调度的任务的最低电压/频率上，从而最大程度地降低任务执行能耗。相反，TB 算法将高功耗和低功耗任务组合在一起调度到同一个核栈上。这种做法虽然可以实现核栈间的功耗平衡，但却难以对能耗的优化产生积极作用。

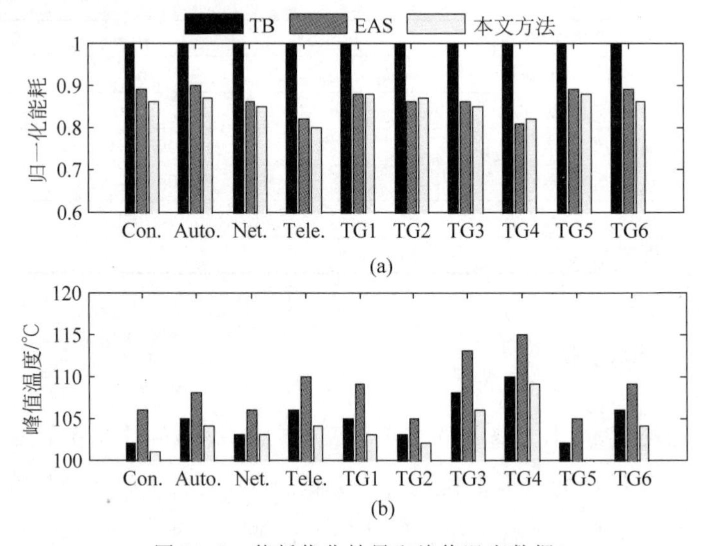

图 10.8 能耗优化结果和峰值温度数据

(a) 采用三种方法后的能耗优化结果对比；(b) 采用三种方法后的芯片峰值温度对比

另一方面，由图 10.8 所示，虽然在能耗优化方面，本文提出的方法与 EAS 算法的效果相当。然而，相比于 EAS 算法，本文提出的方法在优化能耗的同时可以有效地降低芯片温度。如图 10.8(b)所示，实施本文提出的方法时，芯片温度略低于 TB 算法。与 EAS 相比，在达到几乎相同的能耗优化结果的前提下，实施本文提出的方法所产生的芯片温度大大低于 EAS 算法的。与 EAS 算法比较，本文提出的方法能降低平均 5.6℃的峰值温度。以上对于温度的优化效果主要得益于本文提出的任务迁移算法。通过在核栈间交换或迁移少量的任务，以较小的影响能耗优化为代价，本文的方法可以实现有效的功耗平衡，同时降低芯片温度。

由上面两方面的比较结果可知，相对于 TB 和 EAS 算法，本文提出的方法可以在能耗优化和降低温度两方面取得最佳的平衡。

2. 热优化结果

图 10.9 给出了采用三种优化方法后的任务图执行过程中的芯片平均温度数据。实验中，两组共 10 个任务图一个接一个地连续执行。每个任务图的执行时间被均匀地划分为 10 个执行时间片段。随后，将总共 100 个时间片段内的功耗痕迹(power trace)送入 HotSpot 以计算所有核栈的平均温度。如图 10.9 所示，TB 算法和本文提出的方法均能在核栈间实现温度平衡，达到较为理想的热优化效果。比较图 10.9(a)和(c)，采用本文提出的方法后，芯片平均温度还略低于 TB 算法。另一方面，由图 10.9(b)所示，采用 EAS 方法后，芯片温度出现明显波动偏差，这是因为 EAS 算

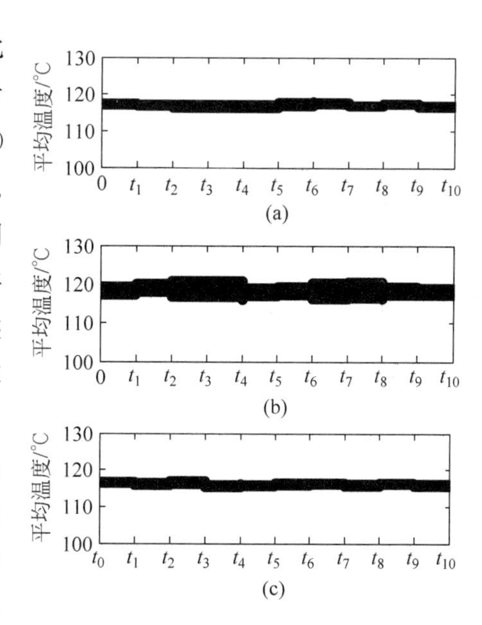

图 10.9 10 个任务图连续执行时的平均温度数据统计

(a) 采用 TB 算法时的芯片平均温度；
(b) 采用 EAS 法时的芯片平均温度；
(c) 采用本文提出的方法时的芯片平均温度

法在优化能耗的过程中并没有考虑热优化问题。上述数据也表明，面向三维芯片的能耗优化方法必须将热问题考虑在内。

10.4 结　论

面向采用 VFI 设计的三维多核 SoC，本章介绍了作者提出的一个硅后优化框架，最小化系统能耗的同时，满足任务截止时间和系统热约束。提出的优化框架统一考虑任务调度和电压/频率分派，通过识别任务的最低操作电压/频率指导任务调度策略。同时，通过任务迁移算法平衡核栈的功耗，以达到降低芯片温度的目的。实验结果表明，本文提出的方法能够在降低系统能耗的同时，有效降低芯片温度。

参考文献

[1] MOORE G E. Cramming more components onto integrated circuits[J]. Electronics, 1965, 38(8): 114-117.

[2] BORKAR S, KARNIK T, NARENDRA S, et al. Parameter variation and impact on circuits and microarchitecture [C]. Proceedings of IEEE Design Automation Conference, 2003: 338-342.

[3] KIMIZUKA N, YAMAMOTO T, MOGAMI T, et al. The impact of bias temperature instability for direct-tunneling ultra-thin gate oxide on MOSFET scaling [J]. Proceedings of VLSI Technology Symposium, 1999: 73-74.

[4] SCHRODER D K, BABCOCK J A. Negative bias temperature instability: road to cross in deep submicron silicon semiconductor manufacturing[J]. Journal of Applied Physics, 2003, 94(1): 1-18.

[5] HU C M, TAM S C, HSU F C, et al. Hot-electron-induced MOSFET degradation — model, monitor, and improvement[J]. IEEE Transactions on Electron Devices, 1985, 32(2): 375-385.

[6] WU H, SUN W, YI Y, et al. A new hot-carrier degradation mechanism in high voltage nLEDMOS transistors[C]. Proceedings of IEEE International Conference on Microelectronics, 2008: 595-598.

[7] CHAPARALA P, SUEHLE J S, MESSICK C, et al. Electric field dependent dielectric breakdown of intrinsic SiO_2 films under dynamic stress[C]. Proceedings of IEEE International Symposium on Reliability Physics, 1996: 61-66.

[8] HO P S. Basic problems for electromigration in VLSI applications[C]. Proceedings of IEEE International Symposium on Reliability Physics, 1982: 288-291.

[9] BORKAR S. Electronics beyond nanos-cale CMOS[C]. Proceedings of IEEE Design Automation Conference, 2006: 807-808.

[10] WANG W, YANG S, BHARDWAJ S, et al. The impact of NBTI on the performance of combinational and sequential circuits [C]. Proceedings of IEEE Design Automation Conference, 2007: 364-369.

[11] KANG K, KUFLUOGLU H, ROY K, et al. Impact of negative bias temperature instability in nanoscale SRAM array: modeling and analysis[J]. IEEE Transactions

on Computer-Aided Design Integrated Circuits System, 2007, 26(10): 1770-1781.

[12] VATTIKONDA R, WANG W, CAO Y. Modeling and minimization of PMOS NBTI effect for robust nanometer design [C]. Proceedings of IEEE Design Automation Conference, 2006: 1047-1052.

[13] WANG W, WANG Z, YU C. An efficient method to identify critical gates under circuit aging[C]. Proceedings of IEEE International Conference on Computer-Aided Design, 2007: 735-740.

[14] WANG Y, LUO H, HE K, et al. Temperature-aware NBTI modeling and the impact of input vector control on performance degradation[C]. Proceedings of IEEE Design, Automation, and Test Europe, 2007: 546-551.

[15] UNSAL O S, TSCHANZ J W, BOWMAN K, et al. Impact of parameter variations on circuits and microarchitecture[J]. IEEE Micro, 2006, 26(6): 30-39.

[16] ROTHSCHILD M, BLOOMSTEIN T M, FEDYNYSHYN T H, et al. Recent trends in optical lithography[J]. Lincoln Laboratory Journal, 2003,14(2): 221-236.

[17] LEE B N, WANG L C, ABADIR M S. Refined statistical static timing analysis through learning spatial delay correlations [C]. Proceedings of IEEE Design Automation Conference, 2006: 149-154.

[18] BERNSTEIN K, FRANK D J, GATTIKER A E, et al. High-performance CMOS variability in the 65 nm regime and beyond [J]. IBM Journal of Research and Development, 2006, 50(4/5): 433-449.

[19] ALAM M A, MAHAPATRA S. A comprehensive model of PMOS NBTI degradation[J]. Microelectronics Reliability, 2005, 45: 71-81.

[20] ALAM M A. A critical examination of the mechanics of dynamic NBTI for PMOSFETs [C]. Proceedings of IEEE International Electron Devices Meeting, 2003.

[21] ALAM M A. On the reliability of micro-electronic devices: an introductory lecture on negative bias temperature instability[C]. In Nanotechnology 501 Lecture Series, 2005.

[22] CHAKRAVARTHI S, KRISHNAN A T, REDDY V, et al. A comprehensive framework for predictive modeling of negative bias temperature instability [C]. Proceedings of IEEE International Reliability Physics Symposium, 2004: 273-282.

[23] BHARDWAJ S, WANG W, VATTIKONDA R, et al. Predictive modeling of the NBTI effect for reliable design[C]. Proceedings of IEEE Custom Integrated Circuits Conference, 2006: 189-192.

[24] PAUL B C, KANG K, KUFLUOGLU H, et al. Temporal performance

degradation under NBTI: estimation and design for improved reliability of nanoscale circuits[C]. Proceedings of IEEE Design, Automation, and Test Europe, 2006: 780-785.

[25] KUMAR S V, KIM C H, SAPATNEKAR S S. An analytical model for negative bias temperature instability[C]. Proceedings of IEEE International Conference on Computer-Aided Design, 2006: 493-496.

[26] KANG K, PARK S P, ROY K, et al. Estimation of statistical variation in temporal NBTI degradation and its impact on lifetime circuit performance[C]. Proceedings of IEEE International Conference on Computer-Aided Design, 2007: 730-734.

[27] REDDY V, KRISHNAN T, MARSHALL A, et al. Impact of negative bias temperature instability on digital circuit reliability [C]. Proceedings of IEEE international test conference, 2002: 248-254.

[28] KUMAR S V, KIM K H, SAPATNEKAR S S. Impact of NBTI on SRAM read stability and design for reliability [C]. Proceedings of IEEE International Symposium on Quality Electronic Design, 2006: 213-218.

[29] LUO H, WANG Y, HE K, et al. Modeling of PMOS NBTI effect considering temperature variation[C]. Proceedings of IEEE International Symposium on Quality Electronic Design, 2007: 139-144.

[30] ZHANG B, ORSHANSKY M. Modeling of NBTI-induced PMOS degradation under arbitrary dynamic temperature variation [C]. Proceedings of IEEE International Symposium on Quality Electronic Design, 2008: 774-779.

[31] WANG W, YANG S, YU C. Node criticality computation for circuit timing analysis and optimization under NBTI effect[C]. Proceedings of IEEE International Symposium on Quality Electronic Design, 2008: 763-768.

[32] BOWMAN K A, DUVALL S G, MEINDL J D. Impact of die-to-die and within-die parameter fluctuations on the maximum clock frequency distribution for giga-scale integration[J]. IEEE Journal of Solid-State Circuits, 2002, 37(2): 183-190.

[33] BORKAR S. Designing reliable systems from unreliable components: the challenges of transistor variability and degradation[J]. IEEE Micro, 2005, 25(6): 10-16.

[34] BOWMAN K A, ALAMELDEEN A R, SRINIVASAN S T, et al. Impact of die-to-die and within-die parameter variations on the clock frequency and throughput of multi-core processors [J]. IEEE Transactions on Very Large Scale Integration Systems, 2009, 17(12): 1679-1690.

[35] WANG W, CAO Y. Statistical prediction of circuit aging under process variations [C]. Proceedings of IEEE Custom Integrated Circuits Conference, 2008: 13-16.

[36] LU Y, SHANG L, ZHOU H, et al. Statistical reliability analysis under process variation and aging effects [C]. Proceedings of IEEE Design Automation Conference, 2009: 514-519.

[37] VAIDYANATHAN B, OATES A S, XIE Y, et al. NBTI-aware statistical circuit delay assessment[C]. Proceedings of IEEE International Symposium on Quality Electronic Design, 2009: 13-18.

[38] KUMAR S V, KIM C H, SAPATNEKAR S S. NBTI-aware synthesis of digital circuits[C]. Proceedings of IEEE Design Automation Conference, 2007: 370-375.

[39] YU W, CHEN X, WANG W, et al. On the efficacy of input vector control to mitigate NBTI effects and leakage power[C]. Proceedings of IEEE Symposium on Quality Electronic Design, 2009: 19-26.

[40] WANG Y, CHEN X, WANG W, et al. Gate replacement techniques for simultaneous leakage and aging optimization[C]. Proceedings of IEEE Design, Automation, and Test Europe, 2009: 328-333.

[41] BILD D R, BOK G E, DICK R P. Minimization of NBTI performance degradation using internal node control[C]. Proceedings of IEEE Design, Automation, and Test Europe, 2009: 148-153.

[42] WU K C, MARCULESCU D. Joint logic restructuring and pin reordering against NBTI-induced performance degradation [C]. Proceedings of IEEE Design, Automation, and Test Europe, 2009: 75-80.

[43] QI Z, MIRCEA R S. NBTI resilient circuits using adaptive body biasing[C]. Proceedings of IEEE Great Lakes Symposium on VLSI, 2008: 285-290.

[44] MITRA S. Globally optimized robust systems to overcome scaled CMOS reliability challenges[C]. Proceedings of IEEE Design, Automation, and Test Europe, 2008: 941-946.

[45] KHAN O, KUNDU S. A self-adaptive system architecture to address transistor aging [C]. Proceedings of IEEE Design, Automation, and Test Europe, 2009: 81-86.

[46] ABELLA J, VERA X, GONZALEZ A. Penelope: the NBTI-aware processor[C]. Proceedings of IEEE International Symposium on Microarchitecture, 2007: 85-96.

[47] FU X, LI T, FORTES J. NBTI tolerant microarchitecture design in the presence of process variation [C]. Proceedings of IEEE International Symposium on

Microarchitecture, 2008: 399-410.

[48] TIWARI A, TORRELLAS J. Facelift: hiding and slowing down aging in multicores[C]. Proceedings of IEEE International Symposium on Microarchitecture, 2008: 129-140.

[49] HUANG L, YUAN F, XU Q. Lifetime reliability-aware task allocation and scheduling for MPSOC platforms[C]. Proceedings of IEEE Design, Automation, and Test Europe, 2009: 51-56.

[50] HUANG L, XU Q. Characterizing the lifetime reliability of manycore processors with core-level redundancy[C]. Proceedings of IEEE International Conference on Computer-Aided Design, 2010: 680-685.

[51] AGARWAL M, PAUL B C, ZHANG M, et al. Circuit failure prediction and its application to transistor aging[C]. Proceedings of IEEE VLSI Test Symposium, 2007: 277-286.

[52] AGARWAL M, PAUL B C, ZHANG M, et al. Optimized circuit failure prediction for aging: practicality and promise[C]. Proceedings of IEEE International Test Conference, 2008: 1-10.

[53] YAN G, HAN Y, LI X. A unified online fault detection scheme via checking of stability violation[C]. Proceedings of IEEE Design, Automation and Test in Europe, 2009: 20-24.

[54] MITRA S. Globally optimized robust systems to overcome scaled CMOS challenges [C]. Proceedings of IEEE Design, Automation and Test in Europe, 2008: 941-946.

[55] DADGOUR H, BANERJEE K. Aging-resilient design of pipelined architectures using novel detection and correction circuits[C]. Proceedings of IEEE Design, Automation and Test in Europe, 2010: 244-249.

[56] VAZQUEZ J C, CHAMPAC V, TEIXEIRA I C, et al. Programmable aging sensor for automotive safety-critical applications [C]. Proceedings of IEEE Design, Automation and Test in Europe, 2010: 618-621.

[57] KANG K, KIM K, ISLAM A E, et al. Characterization and estimation of circuit reliability degradation under NBTI using on-line IDDQ measurement [C]. Proceedings of IEEE Design Automation Conference, 2007: 358-363.

[58] KANG K, ALAM M A, ROY K. Characterization of NBTI induced temporal performance degradation in nano-scale SRAM array using IDDQ[C]. Proceedings of IEEE International Test Conference, 2007: 1-10.

[59] SAKURAI T, NEWTON A R. Alpha-power law MOSFET model and its

applications to CMOS inverter delay and other formulas[J]. IEEE Journal of Solid-State Circuits, 1990, 25(2): 584-594.

[60] PARKER K P, MCCLUSKEY E J. Probabilistic treatment of general combinational networks[J]. IEEE Transactions on Computers, 1975, 24(6): 668-670.

[61] ROTH J P. Diagnosis of automata failures: a calculus and a method[J]. IBM Journal R&D, 1966, 10(4): 278-291.

[62] ROTH J P, BOURICIUS W G, SCHNEIDER P R. Programmed algorithms to compute tests to detect and distinguish between failures in logic circuits[J]. IEEE Trans. Electron. Comput. , 1967, 16(10): 567-579.

[63] GOEL P. An implicit enumeration algorithm to generate tests for combinational logic circuits[J]. IEEE Transactions on Computers, 1981, 30(3): 215-222.

[64] FUJIWARA H, SHIMONO T. On the acceleration of test generation algorithms [J]. IEEE Transactions on Computers, 1983, 32(12): 1137-1144.

[65] ZHAO W, CAO Y. New generation of predictive technology model for sub-45 nm early design explorations[C]. 7th International Symposium on Quality Electronic Design, 2006.

[66] BRAYTON R K, DIRECTOR S W, HACHTEL G D, et al. A new algorithm for statistical circuit design based on quasi-newton methods and function splitting[J]. IEEE Transaction on Circuit and Systems, 1979, 26(9): 784-794.

[67] GAO F, HAYES J P. Exact and heuristic approaches to input vector control for leakage power reduction[C]. IEEE Transactions on Computer-Aided Design of Integrated Circuits and Systems, 2006, 25(11): 2564 - 2571.

[68] RAO R M, LIU F, BURNS J L, et al. A heuristic to determine low leakage sleep state vectors for CMOS combinational circuits [C]. Proceedings of IEEE International Conference on Computer-Aided Design, 2003: 689-672.

[69] TEODORESCU R, NAKANO J, TIWARI A, et al. Mitigating parameter variation with dynamic fine-grain body biasing [C]. Proceedings of IEEE International Symposium on Microarchitecture, 2007: 27-42.

[70] CHEN Y, XIE Y, WANG Y, et al. Minimizing leakage power in aging-bounded high-level synthesis with design time multi-Vth assignment[C]. Proceedings of IEEE Asia and South Pacific Design Automation Conference, 2010: 689-694.

[71] AGARWAL A, BLAAUW D, ZOLOTOV V, et al. Computation and refinement of statistical bounds on circuit delay[C]. Proceedings of IEEE Design Automation

Conference, 2003: 348-353.

[72] KHANDELWAL V, SRIVASTAVA A. A general framework for accurate statistical timing analysis considering correlations[C]. Proceedings of IEEE Design Automation Conference, 2005: 89-94.

[73] XIONG J, ZOLOTOV V, VENKATESWARAN N, et al. Criticality computation in parameterized statistical timing[C]. Proceedings of IEEE Design Automation Conference, 2006: 63-68.

[74] AGARWAL A, BLAAUW D. Statistical timing analysis for intra-die process variations with spatial correlations [C]. Proceedings of IEEE International Conference on Computer-Aided Design, 2003: 900-907.

[75] ZUCHOWSKI P S, HABITZ P A, HAYES J D, et al. Process and environmental variation impacts on ASIC timing[C]. Proceedings of IEEE International Conference on Computer-Aided Design, 2004: 336-342.

[76] ZHAN Y, STROJWAS A J, LI X, et al. Correlation-aware statistical timing analysis with non-Gaussian delay distributions[C]. Proceedings of IEEE Design Automation Conference, 2005: 77-82.

[77] BHARDWAJ S, GHANTA P, VRUDHULA S. A framework for statistical timing analysis using non-linear delay and Slew models [C]. Proceedings of IEEE International Conference on Computer-Aided Design, 2006: 225-230.

[78] SRIVASTAVA A, SYLVESTER D, BLAAUW D. Statistical optimization of leakage power considering process variations using dual-Vth and sizing [C]. Proceedings of IEEE Design Automation Conference, 2004: 773-778.

[79] AGARWAL A, CHOPRA K, BLAAUW D, et al. Circuit optimization using statistical static timing analysis [C]. Proceedings of IEEE Design Automation Conference, 2005: 321-324.

[80] SINGH J, NOOKALA V, LUO Z Q, et al. Robust gate sizing by geometric programming[C]. Proceedings of IEEE Design Automation Conference, 2005: 315-320.

[81] GUTHAUS M R, VENKATESWARANT N, VISWESWARIAHT C, et al. Gate sizing using incremental parameterized statistical timing analysis[C]. Proceedings of IEEE International Conference on Computer-Aided Design, 2005: 1029-1036.

[82] CHOPRA K, SHAH S, SRIVASTAVA A, et al. Parametric yield maximization using gate sizing based on efficient statistical power and delay gradient computation

[C]. Proceedings of IEEE International Conference on Computer-Aided Design, 2005: 1023-1028.

[83] NEAU C, ROY K. Optimal body bias selection for leakage improvement and process compensation over different technology generations [C]. Proceedings of IEEE International Symposium on Low Power Electronics and Design, 2003: 116-121.

[84] MANI M, SINGH A K, ORSHANSKY M. Joint design-time and post-silicon minimization of parametric yield loss using adjustable robust optimization [C]. Proceedings of IEEE International Conference on Computer-Aided Design, 2006: 19-26.

[85] GHOSH S, BHUNIA S, ROY K. A new paradigm for low-power, variation-tolerant circuit synthesis using critical path isolation [C]. Proceedings of IEEE International Conference on Computer-Aided Design, 2006: 619-624.

[86] BROWNELL K, WEI G, BROOKS D. Evaluation of voltage interpolation to address process variations [C]. Proceedings of IEEE International Conference on Computer-Aided Design, 2008: 529-536.

[87] LIANG X, BROOKS D. Mitigating the impact of process variations on processor register files and execution units[C]. Proceedings of IEEE International Symposium on Microarchitecture, 2006: 504-514.

[88] LIANG X, BROOKS D. Microarchitecture parameter selection to optimize system performance under process variation [C]. Proceedings of IEEE International Conference on Computer-Aided Design, 2006: 429-436.

[89] WANG F, NICOPOULOS C, WU X, et al. Variation-aware task allocation and scheduling for MPSoC [C]. Proceedings of IEEE International Conference on Computer-Aided Design, 2007: 598-603.

[90] HUANG L, XU Q. Performance yield-driven task allocation and scheduling for MPSoCs under process variation [C]. Proceedings of IEEE Design Automation Conference, 2010: 326-331.

[91] LIU Q Z, SAPATNEKAR S S. Confidence scalable post-silicon statistical delay prediction under process variations [C]. Proceedings of IEEE Design Automation Conference, 2007: 497-502.

[92] WANG L C, BASTANI P, ABADIR M S. Design-silicon timing correlation—a data mining perspective[C]. Proceedings of IEEE Design Automation Conference, 2007: 384-389.

[93] AGARWAL K, ACHARYYA D, PLUSQUELLIC J. Characterizing within-die variation from multiple supply port IDDQ measurements[C]. Proceedings of IEEE International Conference on Computer-Aided Design, 2009: 418-424.

[94] GELSINGER P. Discontinuities driven by a billion connected machines[J]. IEEE Design and Test of Computers, 2000, 17(1): 7-15.

[95] NIGH P, GATTIKER A. Test method evaluation experiments and data[C]. Proceedings of IEEE International Test Conference, 2000: 454-463.

[96] VARMA P. On path delay testing in a standard scan environment[C]. Proceedings of IEEE International Test Conference, 1994: 164-173.

[97] LAI W, KRSTIC A, CHENG K T. On testing the path delay faults of a microprocessor using its instruction set[C]. Proceedings of IEEE VLSI Test Symposium, 2000: 15-20.

[98] YAN H, SINGH A D. Experiments in detecting delay faults using multiple higher frequency clocks and results from neighboring die[C]. Proceedings of IEEE International Test Conference, 2003: 105-111.

[99] PEI S, LI H, LI X. An on-chip clock generation scheme for faster-than-at-speed delay testing[C]. Proceedings of IEEE Design, Automation and Test in Europe, 2010: 1353-1356.

[100] TAYADE R, ABRAHAM J A. On-chip programmable capture for accurate path delay test and characterization[C]. Proceedings of IEEE International Test Conference, 2008: 1-10.

[101] NAKAMURA H, SHIROKANE A, NISHIZAKI Y, et al. Low cost testing of nanometer socs using on-chip clocking and test compression[C]. Proceedings of IEEE Asian Test Symposium, 2005: 156-161.

[102] MCLAURIN T L, FREDRICK F. The testability features of the MCF5407 containing the 4th generation coldfire microprocessor core[C]. Proceedings of IEEE International Test Conference, 2000: 151-159.

[103] TORKEL A, ROLAND S. Time delay line with low sensitivity to process variations[P]. 2018-8-20. http://www. google. com/patents/US20090079487.

[104] AHMED N, RAVIKUMAR C P, TEHRANIPOOR M. At-speed transition fault testing with low speed scan enable[C]. Proceedings of IEEE VLSI Test Symposium, 2005: 1-6.

[105] WANG S, LIU X, CHAKRADHAR S T. Hybrid delay scan: a low hardware

overhead scan-based delay test technique for high fault coverage and compact test sets[C]. Proceedings of IEEE Design, Automation and Test in Europe, 2004: 1296-1301.

[106] Berkeley Logic Synthesis and Verification Group. ABC: a system for sequential synthesis and verification[CP]. [2018-8-20]. http://www. eecs. berkeley. edu/~alanmi/abc/.

[107] JIANG Y, CHENG K T. Analysis of performance impact caused by power supply noise in deep submicron devices[C]. Proceedings of IEEE Design Automation Conference, 1999: 760-765.

[108] CHANG Y, GUPTA S K, BREUER M A. Analysis of ground bounce in deep submicron circuits[C]. Proceedings of IEEE VLSI Test Symposium, 1997: 110-116.

[109] KIM S, KOSONOCKY S V, KNEBEL D R. Understanding and minimizing ground bounce during mode transition of power gating structures[C]. Proceedings of IEEE International Symposium on Low Power Electronics and Design, 2003: 22-25.

[110] POWELL M D, VIJAYKUMAR T N. Pipeline damping: a microarchitectural technique to reduce inductive noise in supply voltage[C]. Proceedings of IEEE International Symposium on Computer Architecture, 2006: 72-83.

[111] ZHAO Y, DEY S. Analysis of interconnect crosstalk defect coverage of test sets [C]. Proceedings of IEEE International Test Conference, 2000: 492-501.

[112] NANUA M, BLAAUW D. Investigating crosstalk in sub-threshold circuits[C]. Proceedings of IEEE International Symposium on Low Power Electronics and Design, 2007: 639-646.

[113] SAPATNEKAR S S, SU H. Analysis and optimization of power grids[J]. IEEE Design and Test of Computers, 2003, 20(3): 7-15.

[114] JAMES N, RESTLE P, FRIEDRICH J, et al. Comparison of split-versus connected-core supplies in the POWER6 microprocessor[C]. Proceedings of IEEE International Solid-State Circuits Conference, 2007: 298-300.

[115] KANG K, KIM K, ISLAM A E, et al. Characterization and estimation of circuit reliability degradation under NBTI using on-line IDDQ measurement [C]. Proceedings of IEEE Design Automation Conference, 2007: 358-363.

[116] RAJSUMAN R. IDDQ testing for CMOS VLSI[J]. IEEE Proceedings, 2000, 88(4): 544-568.

[117] NARENDRA S, DE V, BORKAR S. Full-chip subthreshold leakage power prediction and reduction techniques for sub-0. 18-μm CMOS[C]. IEEE Journal of Solid-state Circuits, 2004: 501-510.

[118] ALORDA B, DE I P, SEGURA J, et al. On-line current testing for a microprocessor based application with an off-chip sensor[C]. Proceedings of IEEE International On-Line Testing Workshop, 2000: 87-91.

[119] MANHAEVE H A R, WRIGHTON P L, VAN J S, et al. An off-chip IDDQ current measurement unit for telecommunication ASICS[C]. Proceedings of IEEE International Test Conference, 1994: 203-212.

[120] BHUNIA S, BANERJEE N, CHEN Q. A novel synthesis approach for active leakage power reduction using dynamic supply gating[C]. Proceedings of IEEE Design Automation Conference, 2005: 479-484.

[121] TSCHANZ J W, NARENDRA S G, YE Y. Dynamic sleep transistor and body bias for active leakage power control of microprocessors[J]. Journal of Solid-state Circuits, 2003, 38(11): 1838-1845.

[122] BREUER M A. The effect of races, delays and delay faults on test generation[J]. IEEE Transactions on Computers, 1974, 22(10): 1078-1092.

[123] SMITH G. Model for delay faults based upon paths[C]. Proceedings of IEEE International Test Conference, 1985: 342-349.

[124] CHENG K T, DEVADAS S, KEUTZER K. Robust delay-fault test generation and synthesis for testability under a standard scan design methodology[C]. Proceedings of IEEE Design Automation Conference, 1991: 80-86.

[125] CHENG K T, CHEN H C. Generation of high quality non-robust tests for path delay faults[C]. Proceedings of IEEE Design Automation Conference, 1994: 365-369.

[126] TENDULKAR N, RAINA R, WOLTENBURG R, et al. Novel techniques for achieving high at-speed transition fault coverage for Motorola's microprocessors based on power PC instruction set architecture[C]. Proceedings of IEEE VLSI Test Symposium, 2002: 3-8.

[127] WAICUKAUSKI J A, LINDBLOOM E, ROSEN B K, et al. Transition fault simulation[C]. Proceedings of IEEE Design&Test on Computer, 1987: 32-38.

[128] SAVIR J, PATIL S. Scan-based transition test[J]. IEEE Transaction on Computer-Aided Design, 1993, 12(8): 1232-1241.

[129] IYENGAR V S, ROSEN B, SPILLINGER I. Delay test generation 1: concepts

and coverage metrics[C]. Proceedings of IEEE International Test Conference, 1988: 857 - 866.

[130] PARK E S, MERCER M R, WILLIAMS T W. Statistical delay fault coverage and detect level for delay faults [C]. Proceedings of IEEE International Test Conference, 1988: 492-499.

[131] BUSHNELL L, AGRAWAL V D. Essentials of electronic testing for digital, memory and mixed-signal VLSI circuits [M]. Boston: Kluwer Academic Publishers, 2000.

[132] WESTE N H E, HARRIS D. CMOS VLSI design: a circuit and system perspective[M]. Boston: Pearson Education Inc, 2005.

[133] VISWESWARIAH C, RAVINDRAN K, KALAFALA K, et al. First-order incremental block-based statistical timing analysis[C]. Proceedings of IEEE Design Automation Conference, 2004: 331-336.

[134] CLARK C E. The greatest of a finite set of random variables[C]. Operations Research, 1961: 145-162.

[135] 李华伟，闵应骅，李忠诚. 通路时延测试综述[J]. 计算机工程与科学，2002, 24(2): 80-83.

[136] WANG W. Circuit aging in scaled CMOS design: modeling, simulation and prediction[D]. Umi Dissertation Publishing, 2008.

[137] 靳松，韩银和，李华伟，等. 一种考虑工作负载的电路老化预测方法[J]. 计算机辅助设计与图形学学报，2010, 22(12): 2242-2249.

[138] JIN S, HAN Y H, LI H W, et al. On predicting the maximum circuit aging[C]. Proceedings of IEEE Workshop on RTL and High Level Testing, 2009: 116-121.

[139] JIN S, HAN Y H, LI H W, et al. Statistical lifetime reliability optimization considering joint effect of process variation and aging[J]. Integration, the VLSI Journal, 2011, 44(3): 185-191.

[140] JIN S, HAN Y H, LI H W, et al. P^2CLRAF: an pre- and post-silicon cooperated circuit lifetime reliability analysis framework[C]. Proceedings of IEEE Asian Test Symposium, 2010: 117-120.

[141] JIN S, HAN Y H, LI H W, et al. M-IVC: using multiple input vectors to minimize aging-induced delay[C]. Proceedings of IEEE Asian Test Symposium, 2009: 437-442.

[142] 靳松，韩银和，李华伟，等. 老化预测和超速时延测试双工能的系统及方法:

201010181640. 9[P]. 2018-8-20.

[143] 靳松,韩银和,李华伟,等. 基于测量漏电变化的在线电路老化预测方法[P].

[144] HU W, WANG R, CHEN Y, et al. Godson-3B: a 1 GHz 40 W 8core 128GFLOPS processor in 65 nm CMOS[C]. IEEE International Solid-State Circuits Conference, 2011: 76-78.

[145] VANGAL S R, HOWARD J, RUHL G, et al. An 80 tile sub-100 W TeraFLOPS processor in 65 nm CMOS[J]. IEEE Journal of Solid-State Circuits, 2008, 43(1): 29-41.

[146] SHANE B, BRUCE E, JOHN A, et al. TILE64 processor: a 64-core SoC with mesh interconnect[C]. IEEE International Solid-State Circuits Conference, 2008: 88-598.

[147] HUMENAY E, TARJAN D, SKADRON K. Impact of process variations on multicore performance symmetry[C]. ACM/IEEE Design, Automation and Test in Europe, 2007: 1-6.

[148] OGRAS U Y, MARCULESCU R, CHOUDHARY P, et al. Voltage-frequency island partitioning for GALS-based networks-on-chip[C]. ACM/IEEE Design Automation Conference, 2007: 110-115.

[149] DORSEY J, SEARLES S, CIRAULA M, et al. An integrated quad-core opteron processor[C]. IEEE International Solid-State Circuits Conference, 2007: 102-103.

[150] HOWARD J, DIGHE S, VANGAL S, R, et al. A 48-core IA-32 processor in 45 nm CMOS using on-die message-passing and DVFS for performance and power scaling[J]. IEEE Journal of Solid-State Circuits, 2011, 46(1): 173-183.

[151] SMRUTI R S, BRIAN G, RADU T, et al. VARIUS: a model of process variation and resulting timing errors for microarchitects[J]. IEEE Transactions on Semiconductor Manufacturing, 2008, 21(1): 3-13.

[152] JANG W, DUO D, PAN D Z. A voltage-frequency island aware energy optimization framework for networks-on-chip[C]. ACM/IEEE International Conference on Computer-Aided Design, 2008: 264-269.

[153] ZHANG Y, HU S, DANNY Z. Task scheduling and voltage selection for energy minimization[C]. ACM/IEEE Design Automation Conference, 2002: 183-188.